DAS ARIANE PROGRAMM

Hermann Woydt

Motor
buch
Verlag

Einbandgestaltung: Frank Zähringer

Bildnachweis:
Sofern nicht anders vermerkt, stammen die Bilder vom Autor bzw. aus dessen Archiv.

ISBN 978-3-613-03821-9

1. Auflage 2015

Sie finden uns im Internet unter www.motorbuch-verlag.de

Lektorat: Alexander Burden
Innengestaltung: WS – WerbeService Linke, 76185 Karlsruhe
Druck und Bindung: Appel & Klinger, 96277 Schneckenlohe
Printed in Germany

INHALT

ANFANG

Nach Ende des Zweiten Weltkrieges dauerte es nicht lange, bis die beiden Supermächte UdSSR und USA in den Kalten Krieg eintraten. Argwöhnisch beäugten sie sich und versuchten auf allen Gebieten, gerade auch auf dem Technologie-Sektor, dem jeweils anderen die eigene Überlegenheit zu beweisen.

Das Rennen um die Atombombe hatten die USA bereits vor Ende des Krieges durch die Zündung der ersten Nuklearwaffe der Menschheitsgeschichte für sich entschieden. Die verheerenden Bombenabwürfe auf Hiroshima und Nagasaki zwangen dann das japanische Kaiserreich zur Kapitulation und beendeten den Krieg im Pazifik.

Der damaligen Sowjetunion gelang jedoch ein Erfolg auf einem anderen Gebiet. Zum Entsetzen der Amerikaner, die so früh nicht damit gerechnet hatten, beförderte die UdSSR den ersten künstlichen Erdsatelliten, den »Sputnik«, in eine Erdumlaufbahn. Die USA versuchten so schnell wie möglich, unter Einsatz aller zur Verfügung stehenden Mittel, es der UdSSR gleich zu tun. Der Wettlauf ins All, der quasi erst 1969 mit den erfolgreichen Mondlandungen der Amerikaner endete, hatte begonnen.

In Europa, vor allem in England, Frankreich und Deutschland traten schon bald Befürchtungen zu Tage, in der als existenziell erachteten Raumfahrttechnologie ins Hintertreffen zu geraten. Zu wichtig schien der ungehinderte Zugang zum Weltraum, zu eigenen Raketenstarts und Satelliten. Und das nicht zuletzt aus militärischen Erwägungen.

Auf Initiative Englands und Frankreichs begannen daher 1960 erste Gespräche, ein europäisches Engagement beim Bau von Trägerraketen betreffend. Ziel sollte der unabhängige Zugang zum Weltraum bis zum Ende der 60er-Jahre sein. Ein erster Vorschlag der Briten sah eine dreistufige Trägerrakete vor. Als deren Startstufe sollte die bereits einsatzbereite militärische Blue Streak-Mittelstreckenrakete dienen. Als zweite Stufe die bereits in der Entwicklung befindliche ebenfalls militärische Black Knight. Die dritte Stufe war neu zu entwickeln.

Die Franzosen waren durchaus interessiert, am Projekt einer europäischen Trägerrakete teilzunehmen, jedoch nur unter der Bedingung, eine der drei Stufen, vorzugsweise die zweite, aus französischer Produktion beizusteuern.

Um die Kosten für die beiden Länder niedrig zu halten, wurden weitere Teilnehmerstaaten für das Vorhaben gesucht. Dazu gab es Anfang des Jahres 1961 auf Einladung Englands und Frankreichs eine Konferenz in Strasbourg, um das Projekt vorzustellen. Teilnehmer waren außer den beiden bereits genannten Ländern die Interessenten Belgien, Dänemark, die Bundesrepublik Deutschland, Italien, die Niederlande, Norwegen, Spanien, Schweden und die Schweiz. Österreich entsandte einen Beobachter. Im Rahmen des Treffens wurde die unbedingte Notwendigkeit dargelegt, das Monopol der USA und der UdSSR für den Zugang zum Weltraum zu brechen und beim Start vor allem auch kommerzieller Kommunikations-, Navigations- und Wettersatelliten unabhängig zu sein.

Die BRD zögerte und brachte den Gedanken ins Spiel, statt einer teuren europäischen Eigenentwicklung lieber auf die Nutzung lizensierter US-Technik zurückzugreifen. Es gelang Großbritannien diese Zweifel zu zerstreuen und Deutschland von der Teilnahme zu überzeugen. Um den Deutschen diesen Entschluss leichter zu machen, wurde der BRD die Entwicklung der dritten Stufe zugesichert.

Nun galt es noch, Italien ins Boot zu holen, das zunächst keinerlei Nutzen für die heimische Wirtschaft und Wissenschaft sah. Außerdem sei das Management eines so großen Projektes verteilt auf viele Schultern nahezu unmöglich. Eine Rakete, deren drei Stufen in drei verschiedenen Ländern entwickelt und gebaut würden, würde auf jeden Fall zu Problemen bei Zusammenbau und Zusammenwirken der einzelnen Komponenten führen. Das wiederum sollte unschöne Diskussionen hervorrufen.

Eine neue Konferenz am 30. Oktober desselben Jahres wurde nach London einberufen. Gegenstand des Treffens waren Beratungen über die Gründung einer Organisation für den Bau einer gemeinsamen europäischen Trägerrakete. Unter den Teilnehmerländern war diesmal neben Österreich auch Australien als einziger potenzieller nichteuropäischer Partner. Dafür hatten Norwegen, Schweden und die Schweiz diesmal nur Beobachter entsandt und nahmen somit offiziell nicht teil.

Australiens Mitwirken am eigentlich rein europäischen Projekt war den Briten sehr wichtig, um das politisch-wirtschaftliche Verhältnis zu dem Commonwealth-Partnerland zu stärken. England drängte darauf, die dort in der Nähe des Ortes Woomera im Bundesstaat South Australia bereits existierenden Startanlagen für Tests von militärischen Versuchsraketen zu nutzen. Frankreich hingegen bot die zu ähnlichen Zwecken eingesetzten Einrichtungen im wesentlich besser erreichbaren Colomb-Béchar in Algerien an.

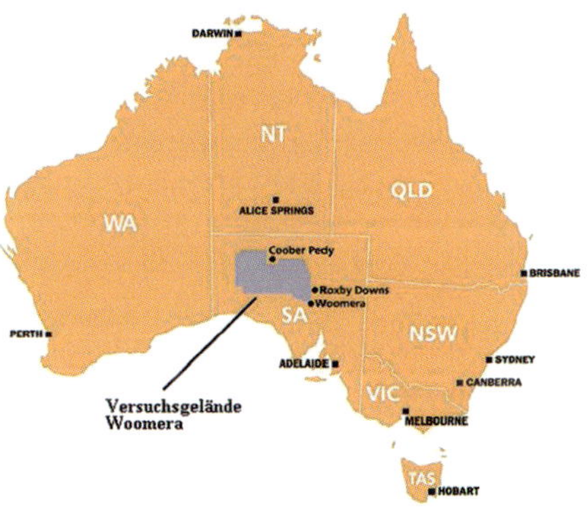

Das riesige militärische Testgelände im nahezu unbewohnten Outback des australischen Bundesstaates South Australia.

Die Bedenken Italiens konnten zunächst nicht zerstreut werden und auch Australien mochte sich wegen ungeklärter Finanzierungsfragen zumindest noch nicht für die Zusammenarbeit entscheiden. Die Konferenz endete ergebnislos.

In den nächsten Monaten gelang es in Konsultationen auf höchster Ebene, Italien doch noch von der Teilnahme zu überzeugen, nachdem dem Land zugesichert worden war, den Auftrag für die Entwicklung einer Reihe von Versuchssatelliten zu bekommen. Australien schloss sich dem europäischen Projekt schließlich ebenfalls an.

Die Verhandlungen gipfelten am 29. März 1962 in der Gründung der ELDO, der »European Launcher Development Organisation«. Zu den beiden eben genannten Ländern Italien und Australien gehörten neben den Initiatoren England und Frankreich noch Belgien, die Bundesrepublik Deutschland und die Niederlande zu den Unterzeichnern des Vertrages.

Belgien übernahm die Aufgabe, Bahnverfolgungsstationen zu errichten, die Niederlande kümmerten sich um ein weltweites Netz von Telemetrie-Empfangsstationen. Australiens Beitrag bestand im kostenlosen Bereitstellen des Startgeländes. Zusammen mit der Zusage an England, die erste Stufe, an Frankreich die zweite und an Deutschland die dritte Stufe der neuen Rakete zu bauen, war damit die Rolle eines jeden Mitgliedslandes klar umrissen.

Die Aufteilung der damals für die Entwicklung geschätzten 850 Millionen DM war folgendermaßen festgelegt:

	Kostenanteil
Großbritannien	41,88 %
Frankreich	23,93 %
Bundesrepublik Deutschland	18,92 %
Italien	9,78 %
Belgien	2,85 %
Niederlande	2,64 %

Großbritannien hatte in diese Kalkulation die Kosten der bereits weit fortgeschrittenen Entwicklung der Blue Streak-Mittelstreckenrakete einfließen lassen.

Nach der Ratifizierung durch die Regierungen der beteiligten Länder trat der ELDO-Vertrag am 29. Februar 1964 in Kraft.

DIE EUROPA-RAKETEN

Die ELDO übernahm das Projekt Trägerrakete unter der Bezeichnung »ELDO-A«. Eine ihrer ersten Amtshandlungen war die Umbenennung in »Europa 1«. Die dreistufige Rakete sollte 32 Meter hoch werden, 3,50 Meter durchmessen, 105 Tonnen wiegen und dafür ausgelegt sein, bis zu 1200 Kilogramm schwere Nutzlasten in niedrige Erdumlaufbahnen (Low Earth Orbit, LEO) zu transportieren.

Die Flugerprobungen begannen am 5. Juni 1964 mit dem Alleinstart einer Blue Streak (Flug F1). Trotz verfrühtem Brennschluss wurde der Test dennoch als Erfolg gewertet. Zwei weitere Flüge (F2 und F3) am 20. Oktober desselben und am 22. März des folgenden Jahres verliefen ohne Beanstandungen. Die zweite Stufe aus französischer Entwicklung, die auf den Namen »Coralie« getauft worden war, wurde separat erprobt. Zwei der drei Tests fanden im November und Dezember 1966 in Algerien statt, der dritte im März 1967 in Südfrankreich. Alle Versuche verliefen wenig zufriedenstellend. Der erste endete mit einer Explosion der Rakete, die beiden anderen kamen vom Kurs ab. Die dritte Stufe aus deutscher Herstellung, die den Namen »Astris« erhalten hatte, wurde bis zu ihrem ersten realen Einsatz nur unter Testbedingungen am Boden, jedoch niemals im Flug erprobt.

Etwa zur Jahreswende 1964/65 waren die Entwicklungskosten der Europa 1 schon erheblich aus dem Ruder gelaufen. Statt der ursprünglich veranschlagten 850 Millionen DM war jetzt vom Doppelten, also 1,7 Milliarden DM, die Rede. Zugleich waren die Arbeiten schon deutlich gegenüber dem ehrgeizigen Zeitplan ins Hintertreffen geraten. Der erste Start des dreistufigen Komplettsystems war für 1966 anvisiert worden. Jetzt war abzusehen, dass dieser Termin niemals einzuhalten sein würde.

Während die Entwicklung der Europa-Rakete nur langsam voran ging, geriet auch die ELDO in politisch unruhiges Fahrwasser. Nach Wahlen in England sah sich die Organisation mit einem wachsenden Unwillen der Briten der Raumfahrt gegenüber konfrontiert. Nicht zuletzt der Kostenfrage wegen stellte Großbritannien sein Engagement in der ELDO in Frage. Erschwerend kam hinzu, dass Frankreich auf die Verlegung des Startplatzes vom australischen Woomera in das äquatornahe und damit bahnmechanisch wesentlich günstiger gelegene Kourou in Französisch Guayana an der Atlantikküste im Norden Südamerikas drängte.

Ungeachtet der britischen Bedenken brachte Frankreich den Vorschlag ein, schon jetzt über die Nachfolge der Europa 1 nachzudenken. Grund dafür war die Erkenntnis, dass die doch recht eingeschränkte Tragfähigkeit der Rakete für immer schwerer werdende Satelliten und die Anforderung, diese nicht nur in niedrige Erdumlaufbahnen, sondern in den geostationären Orbit befördern zu müssen, schon jetzt nicht mehr ausreichte.

Die ELDO schlug auf diese Anregung hin ein weiteres Raketenmodell, die Europa 2 vor, die in zwei Ausführungen nacheinander entwickelt werden sollte. Die Europa B1 als zweistufige, die Europa B2 als dreistufige Version. Beide sollten als Unterstufe ebenfalls auf eine entsprechend modifizierte Blue Streak zurückgreifen. Die zweite wie auch die dritte Stufe würden von flüssigem Wasserstoff und flüssigem Sauerstoff angetrieben. Damit sollte die Rakete in der Lage sein, auch größere Satelliten in den geostationären Orbit zu transportieren, jedenfalls dann, wenn sie von einem bahnmechanisch günstigen Ort aus startete. Damit kam erneut Kourou ins Spiel. Die französischen Überlegungen fanden Unterstützung von deutscher Seite.

Auf einem Treffen auf Regierungsebene im Januar des Jahres 1965 ging die französische Seite sogar noch weiter: Die Partnerländer sollten aus Ersparnisgründen beschließen, die Arbeiten an der Europa 1 einzustellen und unmittelbar zur

Eine Europa 1-Trägerrakete bereit zum Testflug vom Startgelände im australischen Woomera. (DLR-Archiv)

Entwicklung der Europa 2 überzugehen. Dadurch sollten dann die Anforderungen an die die europäische Raumfahrt der frühen 70er-Jahre erfüllt werden können.

Eine Arbeitsgruppe zur Prüfung dieser Vorschläge kam zwei Monate später jedoch zu der Überzeugung, eine solche Vorgehensweise sei kontraproduktiv, da die Entwicklungsarbeiten an der Europa 1 bereits zu weit fortgeschritten und die möglichen Kosteneinsparungen somit nur minimal seien. Diesem Urteil stimmten die Regierungen der Mitgliedsländer zu. Ausschließlich England bekräftigte noch einmal seine Bedenken. Es sei fraglich, ob bei der Arbeit an der Europa 1-Rakete trotz des enormen Kostenanstieges und der zeitlichen Verzögerungen, unter denen das Projekt litt, jemals etwas Verwertbares herauskomme. Obwohl nicht alle Partnerländer diesen Standpunkt teilten, waren sich dennoch alle darin einig, dass das europäische Trägerraketenprogramm dringend einer Überarbeitung bedurfte.

Aus der Erkenntnis heraus, dass die Einstellung des Europa 1-Projektes ebenso viel kosten würde wie dessen Weiterverfolgung und mit der Überlegung, dass ein Ende der ELDO der gesamteuropäischen Politik erheblichen Schaden zufügen würde, waren die meisten Partner bemüht, einen Kompromiss zu finden, der den Einwendungen der englischen Seite gerecht werden würde. Nicht jedoch Frankreich, das bekräftigte, notfalls auch im nationalen Alleingang eine Trägerrakete bauen zu wollen. Für den Verbleib in der ELDO stellte Frankreich zwei Bedingungen: Erstens mussten schärfere Vertragsbedingungen her und zweitens Kourou der neue Startplatz für die europäischen Raketen werden. Der letzte Punkt war für Frankreich nicht verhandelbar.

In diese politisch unruhige Zeit fiel ein wichtiges Ereignis auf dem Weg zur europäischen Raumfahrt. Am 24. Mai 1966 starte die erste Europa 1-Rakete von Woomera in voller Flugkonfiguration (Flug F4).

Die Blue Streak-Startstufe war 18,40 Meter lang und wog betankt 89,4 Tonnen. Angetrieben wurde sie von zwei Rolls Royce-Triebwerken. In 155 Sekunden wurden 83 Tonnen Kerosin und flüs-

Eine Europa 1 auf der Startrampe im australischen Outback in Woomera.

siger Sauerstoff verbrannt. Die beiden 1334 kN-Triebwerke waren schwenkbar, was zusätzliche Steuertriebwerke verzichtbar machte. Die zweite Coralie-Stufe aus französischer Produktion war 5,50 Meter lang und hatte einen Durchmesser von 2,00 Meter. Sie wog einschließlich ihrer Treibstoffe Hydrazin und Stickstofftetroxid 11,9 Tonnen. Die Treibstoffkomponenten waren sogenannte hypergolische Treibstoffe. Sie entzünden sich bei Vermischung von selbst und benötigen deshalb keinen fehleranfälligen Zündmechanismus. Die technisch relativ einfache Stufe arbeitete 100 Sekunden lang und erzeugte einen Schub von 274 kN. Die dritte 3,4 Tonnen schwere »deutsche« Astris-Stufe, 3,80 Meter lang und ebenfalls 2,00 Meter im Durchmesser, produzierte maximal 360 Sekunden lang 23,3 kN Schub. In dieser Zeit verbrauchte sie 2,8 Tonnen Hydrazin und Stickstofftetroxid.

Komplettiert wurde die Europa 1 durch einen knapp 3,70 Meter langen und 700 Kilogramm schweren Zylinder, der die Nutzlasten beim Flug durch die dichteren Schichten der Erdatmosphäre schützte.

Der Flug F4 diente allerdings nur der Erprobung der Blue Streak-Unterstufe. Die zweite und dritte Stufe waren nicht funktionsfähig. Zwei Mi-

Die in Deutschland entwickelte und gebaute dritte Stufe der Europa-Rakete. Dieses Modell der Astris ist auf dem Campus der Universität Stuttgart ausgestellt. (Julian Herzog)

nuten nach dem zunächst problemlosen Start zeigten die Bahnverfolgungsstationen plötzlich eine Abweichung vom vorgegebenen Kurs. Das Triebwerk wurde daraufhin schon vor dem geplanten Brennschluss per Funkbefehl abgeschaltet. Die Rakete jedoch flog unbeirrt weiter, bis sie zu Boden stürzte und zerschellte, nach dem der Treibstoff verbraucht war. Die Analyse der Telemetriedaten deutete später darauf hin, dass offenbar die Anzeige der Bahnverfolgung fehlerhaft gewesen war. Daher wurde der Flug als Erfolg gewertet. Ein halbes Jahr später verlief der nächste Versuch (F5) mit gleichem Missionsprofil am 15. November ohne Zwischenfälle.

Der Test mit der Flugnummer F6 am 4. August 1967, diesmal mit betriebsbereiter Coralie-Stufe, begann zunächst wieder plangemäß. Die Blue Streak funktionierte nahezu perfekt. Die Stufentrennung erfolgte, allerdings versagte die Zündung der Coralie-Zweitstufe und die Rakete stürzte ab.

Vier Monate später gelang am 5. Dezember 1967 bei Flug F7 zwar die Zündung der zweiten Stufe, da sich jedoch die erste und die zweite Stufe nicht voneinander getrennt hatten, explodierte die gesamte Rakete.

Europa 1 auf der Startrampe. (ESA)

Trotz der Fehlschläge wurde entschieden, beim nächsten Start zu versuchen, die Erdumlaufbahn zu erreichen. Zum ersten Mal stand das Gesamtsystem aus erster, zweiter und dritter Stufe auf der Startrampe bereit. In der Nutzlasthülle der Rakete befand sich ein italienischer Testsatellit. Der F8-Start am 30. November 1968 verlief zunächst wieder reibungslos. Die Stufentrennung gelang, die zweite Stufe zündete und arbeitete fehlerfrei. Nach der Trennung von zweiter und dritter Stufe explodierte die Astris-Oberstufe jedoch nur 500 Millisekunden nach der Triebwerkszündung. Die Ursache ließ sich nie klären.

Zusammenhang zwischen Kilonewton und Tonne

Die Schubangaben von Triebwerken werden oft in den Einheiten Tonne oder Kilonewton (kN) angegeben. Diese leiten sich von den Grundeinheiten Kilogramm (Kg) und Newton (N) her. Obwohl diese Einheiten grundsätzlich verschieden sind werden sie dennoch fälschlicherweise oft in gleicher Bedeutung verwendet. Seit Einführung des Internationalen Einheitensystems (SI) im Jahr 1970 ist allerdings die Verwendung des Newtons und seiner Vielfachen als Einheit der Kraft amtlich vorgeschrieben.
Ein Kilogramm ist das Maß für eine Masse. Das Newton dagegen gibt die Kraft an, die auf eine Masse ausgeübt wird. Ein Newton entspricht der Kraft, die aufgebracht werden muss, um einen ruhenden Körper der Masse 1 Kg innerhalb von einer Sekunde gleichförmig auf die Geschwindigkeit 1 m/s zu beschleunigen. Das hört sich komplizierter an als es in Wirklichkeit ist. Auf Grund der Erdgravitation wird ein Körper der Masse 1 kg auf Meereshöhe mit der Kraft von 9,81 N in Richtung Erdmittelpunkt gezogen, 1 Tonne (= 1000 Kg) also mit 9,81 kN (= 9810 N). Im Umkehrschluss muss die Kraft von 9,81 kN aufgewendet werden, um eine Masse von 1 t von der Erdoberfläche anzuheben.
Umgekehrt gilt: Ein Raketentriebwerk mit 1000 N (=1 kN) Schub kann eine Masse von 101,2 Kg in jeder Sekunde um 1 m/s schneller von der Erdoberfläche weg bewegen.

Der nächste Test (F9) am 31. Juli 1969 verlief ähnlich: problemloser Betrieb der ersten und zweiten Stufe, erfolgreiche Stufentrennungen. Diesmal arbeitete die dritte Stufe anderthalb Sekunden, bevor sie explodierte. Nun kam man allerdings einer möglichen Ursache auf die Spur: Offensichtlich hatten die Sprengbolzen zur Stufentrennung hochentzündliche Gase freigesetzt, die daraufhin zur Explosion führten. Als Konsequenz wurden Zündmechanismus und Sprengbolzen der Astris-Oberstufe komplett überarbeitet. Das hatte eine einjährige Unterbrechung der Flugerprobungen zur Folge.

Ebenfalls im Jahr 1969 verkündete Großbritannien, sich mit Wirkung von 1971 aus der ELDO zurückziehen zu wollen. Waren die Briten Anfang des Jahrzehnts noch sehr daran interessiert gewesen, der damaligen Europäischen Gemeinschaft beizutreten und hatten sich wohl auch deshalb als treibende Kraft bei der Gründung der ELDO profiliert, war das politische Klima auf der Insel inzwischen komplett umgeschlagen. Vorbehalte gegen ein vereinigtes Europa hatten dazu geführt, diverse paneuropäische Projekte in Frage zu stellen, darunter eben auch die gemeinsame Weltraumfahrt. Wenigstens erklärte sich die britische Regierung bereit, der ELDO weiterhin Blue Streak-Startstufen zur Verfügung stellen zu wollen. Gegen Bezahlung versteht sich!

Kourou in Französisch Guayana.

Europa 2-Trägerrakete. (ESA)

Den politischen Verstimmungen zum Trotz gelang der nächste und gleichzeitig letzte Start (F10) einer Europa 1 am 6. Juni 1970 zunächst zufriedenstellend. Die Brennphasen der ersten und zweiten Stufe verliefen plangemäß und obwohl die dritte Stufe zehn Sekunden länger arbeitete als vorgesehen, konnte erstmals vom bestimmungsmäßigen Funktionieren der Astris-Oberstufe gesprochen werden. Dennoch gab es auch diesmal einen Wermutstropfen: Die Nutzlastverkleidung hatte sich nicht gelöst und durch ihr dann zu hohes Gewicht erreichte die Rakete nicht die nötige Geschwindigkeit für den Erdorbit. Astris und Testsatellit stürzten in den Atlantik. Die ELDO vermeldete dennoch einen zumindest teilweisen Erfolg. Doch in der Presse wurde das Projekt zerrissen. Nach sechs Jahren und zehn mehr oder weniger erfolgreichen Startversuchen war es schließlich noch immer nicht gelungen, einen Satelliten in die Umlaufbahn zu befördern. Es bestand Handlungsbedarf.

1971 schied auch Italien aus der ELDO aus. Die Kosten der bereits seit 1966 parallel zu den Flugerprobungen der Europa 1 laufende Entwicklung ihres Nachfolgers Europa 2 mussten umverteilt werden. Frankreich und Deutschland schulterten zusammen 90 Prozent der Kosten, die anderen verbliebenen Länder teilten sich die restlichen 10 Prozent.

Die vierstufige, 33,40 Meter hohe Europa 2 sollte Nutzlasten von bis zu 360 Kilogramm in einen Geo-Transferorbit (GTO) bringen können, der

Start der Europa 2-Trägerrakete.

zur Erreichung ener geostationären Umlaufbahn 36.000 Kilometer über dem Äquator nötig ist. Die Rakete wog 112 Tonnen. Alle drei Stufen wurden von der Europa 1 übernommen, die dritte Astris-Stufe allerdings mit einigen wesentlichen Verbesserungen. Die neu dazugekommene vierte Stufe steuerte Frankreich bei. Sie war identisch mit der in der französischen Diamant-Versuchsrakete verwendeten dritten Stufe und wurde mit Feststofftreibstoff betrieben. Die ersten drei Stufen sollten die Nutzlast in eine niedrige Parkumlaufbahn um die Erde befördern und die vierte Stufe sie schließlich in den geostationären Orbit bringen.

Größte Neuerung war jedoch nach dem Ausscheiden Großbritanniens aus der ELDO die Verlegung des Startgeländes von Australien in das zu Frankreich gehörende Übersee-Department Französisch-Guayana im nördlichen Teil Südamerikas. Das dort bereits seit 1965 existierende Raketenstartgelände, das »Centre Spatial Guyanais« (CSG, Weltraumzentrum Guayana), war schon von Frankreich für dessen eigene Versuchsraketen genutzt worden. Von dort startende Raketen konnten wegen der äquatornahen Lage des Startplatzes den geostationären Orbit mit deutlich geringerem Energieaufwand und deshalb auch mit erheblich geringerem Treibstoffverbrauch erreichen.

Raumfahrtzentrum Guayana

Das Raumfahrtzentrum Guayana (Centre Spatial Guyanais, CSG) liegt in der Nähe des Ortes Kourou im französischen Überseedépartement Französisch-Guayana. Französisch-Guayana an der südamerikanischen Atlantikküste grenzt an Brasilien und Surinam. Es ist mit etwas mehr als 80.000 Quadratkilometer etwas größer als Österreich und zu mehr als 90 Prozent von tropischen Regenwald bedeckt. Es herrscht tropisches Klima, die über das Jahr gemittelte Durchschnittstemperatur beträgt 30 Grad Celsius. Durchschnittlich fällt 3600 Millimeter Niederschlag im Jahr.
Französisch Guayana wurde 1964 als Überseedépartement Bestandteil Frankreichs mit eingeschränkter Selbstverwaltung. Das Land hat etwa 250.000 Einwohner, deren Zahl aber nicht zuletzt wegen des dortigen Raumfahrtzentrums stetig wächst. Die dritt-

Eine Ariane 5G überragt während ihres 2,8 Kilometer langen Transports vom Montagegebäude zum Startplatz die umgebenden Bäume. (ESA/CNES/Arianespace - Service Optique)

Panoramaaufnahme des Centre Spatial Guyanais (CSG), des Raumfahrtzentrums Guayana. In der Mitte liegt der Startkomplex ELA3 für die Raketen der Ariane 5-Familie. (ESA/CNES/Arianespace - S. Corvaja)

Die Startanlage ELA3 auf dem Gelände des CSG in Kourou. Im Hintergrund erkennt man den Atlantischen Ozean. (ESA/CNES/Arianespace - S. Corvaja)

größte Stadt des Landes mit 25.000 Einwohnern ist das etwa 60 km nordwestlich der Hauptstadt Cayenne gelegene Kourou.
Seit 1964 wurde in der Nähe von Kourou ein Raketenstartplatz errichtet, der 1968 be-

Abendstimmung in Kourou. (ESA - S. Corvaja)

triebsbereit war und zunächst unter rein französischer Regie für Starts von Forschungsraketen und für Satellitenstarts mit kleineren Trägerraketen genutzt wurde. Das CSG vereinigt eine Reihe von Vorteilen für den Start von Trägerraketen. Mit seiner Lage nur 500 km vom Äquator entfernt liegt es in einem Gebiet, das weder von Erdbeben noch von tropischen Wirbelstürmen heimgesucht wird. Durch seine äquatornahe Lage verleiht es startenden Raketen durch die dort vorhandene hohe Rotationsgeschwindigkeit der Erde einen deutlichen, treibstoffsparen-

Kontrollraum des Jupiter-Kontrollzentrums für Ariane-Startoperationen auf dem Gelände des CSG in Kourou in Französisch Guayana. (ESA/CNES/Arianespace - S. Corvaja)

ESA K

Die 1. Stufe einer Ariane 5ECA ist auf dem Seeweg in Südamerika eingetroffen und wird per LKW nach Kourou gebracht. (ESA/CNES/Arianespace - Service Optique)

Startkontrollzentrum für die Ariane 5 auf dem Gelände des CSG in Kourou. (ESA)

den Anfangsimpuls. Ebenso sind keine treibstoffintensiven Manöver zum Erreichen des Geostationären Orbits nötig. Da Flugbahnen in Nord-Ost-Richtung über das Meer führen, sind auch polare und sonnensynchrone Umlaufbahnen erreichbar, ohne das bei einem Fehlstart Gefahr für die Bevölkerung durch herabfallende Trümmerteile besteht.
Seit Gründung der europäischen Weltraumagentur (ESA) wird das Raumfahrtzentrum von der französischen Weltraumbehörde CNES (Centre national d'études spatiales) in Kooperation mit der ESA geführt.

Eine Ariane 5-Startstufe wurde vom französischen Le Havre aus nach Südamerika verschifft und wird hier gerade in Französisch Guayana entladen. (ESA)

Der Schienenweg, auf dem die Ariane 5-Trägerraketen vom Montagegebäude zum Startplatz gefahren werden. (ARIANESPACE)

Außenansicht des Jupiter-Startkontrollzentrums. (ARIANESPACE)

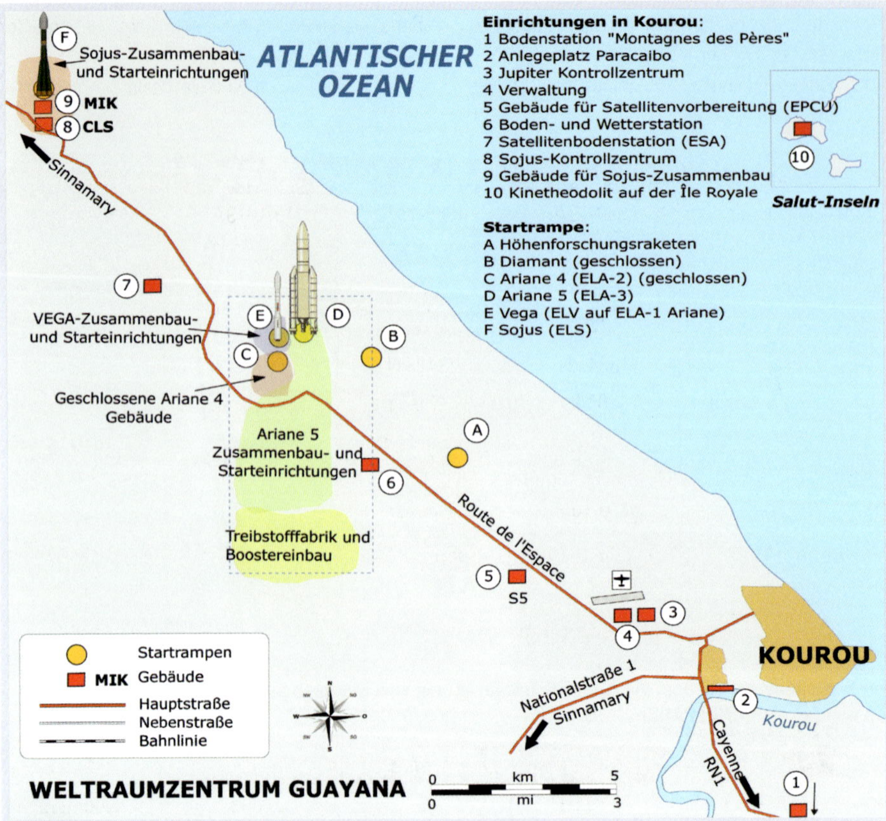

Übersichtsplan des Raumfahrtzentrums Kourou. (Wikipedia)

Der Jungfernflug der Europa 2, gleichzeitig der erste Start einer europäischen Rakete von Französisch-Guayana aus, scheiterte am 5. November 1971. Nach reibungslosem Countdown hob die Europa 2 ab und die ersten 130 Sekunden des Fluges verliefen auch plangemäß. Dann jedoch verließ die Trägerrakete die vorausberechnete Flugbahn. Offenbar hatte das Trägheitsnavigationssystem versagt. Die Kursabweichung nahm immer mehr zu und die mechanischen Belastungen, die jetzt auf die Rakete einwirkten, führten zum Auseinanderbrechen: die Europa 2 explodierte.

Der bereits terminierte nächste Testflug wurde daraufhin wegen der Fehlersuche und Behebung um zwei Jahre auf Ende 1973 verschoben.

Jedoch noch bevor die nächste Europa 2-Rakete abheben konnte, entschieden Frankreich und Deutschland in bilateralen Gesprächen den Ausstieg aus dem Projekt, das genauso wie das Vorgängerprojekt weit hinter dem ursprünglichen Zeitplan zurück lag und dessen Kosten ebenfalls ausuferten. Die Arbeiten an der Europa 2 und an deren bereits in der Planungsphase befindlichen Nachfolgerin Europa 3 wurden umgehend eingestellt.

Die Entscheidung zum Ende der Europa 2 war wesentlich folgenschwerer als der Beschluss, die Europa 3-Rakete nicht weiter zu verfolgen. Letztere existierte bisher nur auf dem Papier, die Europa 2 hingegen war mit großem Kostenaufwand fast fertig entwickelt und bereits einmal gestartet. Die Serienproduktion hätte in absehbarer Zeit anlaufen können.

Das Projekt Europa-Rakete war gescheitert.

Tabelle 1 - Die Versionen der Europa-Rakete.

	Europa 1	Europa 2	Europa 3	L3S/Ariane
Entwicklungszeitraum	1960-1970	1966-1972	1970-1972	L3S/Ariane
Höhe	31,8 m	31,7 m	40,0 m	1972-1973
Durchmesser	3,5 m	3,7 m	3,8 m	ca. 40 m
Startmasse	105 t	112 t	191 t	3,8 m
Startschub	1334 kN	1342 kN	2446 kN	166 t
Max. LEO-Nutzlast	1200 kg	1440 kg	4500 kg	
Max. GTO-Nutzlast	200 kg	360 kg	1550 kg	1550 kg
Stufen	3	4	2	3
Erster Start	29.11.1968	05.11.1971	---	---
Letzter Start	12.06.1970	05.11.1971	---	---
Flüge	3	1	---	---
Fehlstarts	3	1	---	---
Zuverlässigkeit	0	0	---	---

Tabelle 2 - Flüge der Europa.

Flug	Datum	Stufen		Startort
F1	05.06.64	1	Europa 1	Woomera
F2	20.10.64	1	Europa 1	Woomera
F3	22.03.65	1	Europa 1	Woomera
F4	24.05.66	1	Europa 1	Woomera
F5	15.11.66	1	Europa 1	Woomera
F6	04.08.67	2	Europa 1	Woomera
F7	05.12.67	2	Europa 1	Woomera
F8	30.11.68	3	Europa 1	Woomera
F9	31.06.69	3	Europa 1	Woomera
F10	06.06.70	3	Europa 1	Woomera
F11	05.11.71	4	Europa 2	Kourou

DIE EUROPEAN SPACE AGENCY

Der Ausstieg Großbritanniens und Italiens hatte die ELDO geschwächt und Frankreich drängte seit geraumer Zeit auf mehr Einfluss auf die strategische Ausrichtung und größere Anteile an Entwicklung und Bau der Raketen. Auf der dritten Europäischen Weltraumkonferenz in Brüssel am 20. Dezember 1972 bekräftigte Frankreich noch einmal diesen Anspruch. Das Land erklärte sich bereit, den Löwenanteil der Kosten und des Risikos für den Bau eines Nachfolgemodells für die glücklosen Europa-Raketen zu übernehmen, forderte dafür allerdings auch die Rolle des Hauptauftragnehmers ein.

Nur Wochen später fasste die dritte Europäische Weltraumkonferenz im Januar 1973 in Brüssel weitreichende Beschlüsse: Das Europa-Raketen-Programm wurde endgültig eingestellt, dafür mit Arbeiten an dem von Frankreich geforderten Nachfolgeprojekt für eine europäische Trägerrakete begonnen. Es erhielt den Arbeitstitel L3S (»Lanceur 3ieme Generation Substitution«, dt.: Ersatz-Trägerrakete der 3. Generation). Von politisch wesentlich größerer Bedeutung war allerdings die Absichtserklärung, durch Zusammenschluss von ELDO und der ESRO eine einzige europäische Weltraumorganisation entstehen zu lassen. Die ESRO (»European Space Research Organisation«, dt.: Europäische Weltraumforschungsorganisation) war bisher für den Bau und den Betrieb europäischer Satelliten zuständig gewesen.

Die endgültige Entscheidung zu Gunsten der gemeinsamen Weltraumorganisation fiel am 31. Juli 1973 auf einer Konferenz in Brüssel. Die Verträge zur Gründung der »European Space Agency« (ESA) wurden zwei Jahre später auf einem Ministerratstreffen am 30. Mai 1975, wiederum in Brüssel, durch Vertreter der Regierungen von zehn Gründungsstaaten, namentlich Belgien, Dänemark, Frankreich, die Bundesrepublik Deutschland, Großbritannien, Italien, den Niederlanden, Spanien, Schweden und der Schweiz, unterzeichnet. Die ESA nahm faktisch bereits am folgenden Tag die Arbeit auf. Rechtsgültig wurde die Gründung jedoch erst mit der Ratifizierung des Vertrages durch die Mitgliedsstaaten, den Frankreich als letztes Land am 30. Oktober 1980 genehmigte.

Die ESA

Am 30 Mai 1975 wurde auf einer Ministerratskonferenz in Brüssel die Gründung der europäischen Weltraumorganisation ESA (European Space Agency) beschlossen. Sie wurde Nachfolgeorganisation der ELDO und ESRO, die bisher relativ erfolglos versucht hatten, die europäischen Weltraumaktivitäten zu koordinieren.
Die ESA nahm ihre Arbeit faktisch bereits am 31. Mai 1975 auf, obwohl erst die Genehmigung des Vertrages durch die Parlamente der beteiligten Staaten nötig gewesen wäre. Gegründet wurde sie unter Beteiligung von zehn Ländern: Belgien, Deutschland, Dänemark, Frankreich, Großbritannien, Italien, Niederlande, Schweden, Schweiz und Spanien. Noch im gleichen Jahr stieß Irland dazu. Offiziell trat das Übereinkommen erst am 30. Oktober 1980 mit der Ratifizierung des Vertrages durch alle Gründungsstaaten in Kraft.
Seither sind auch Norwegen (1987), Österreich (1987), Finnland (1995), Portugal (2000), Griechenland (2005), Luxemburg (2005), Tschechien (2008), Rumänien (2011) Polen (2012) und Ungarn (2015) beigetreten. Damit

Das ESA-Hauptquartier in der Rue Mario Nikis, Paris, im Jahr 1976. (ESA)

beläuft sich die Zahl der Mitglieder heute auf einundzwanzig. Kanada beteiligt sich im Rahmen von Kooperationsvereinbarungen als assoziiertes Mitglied an bestimmten ESA-Programmen.

Aufgabe der ESA nach Artikel II des Gründungsvertrages (»Übereinkommen und Geschäftsordnung des Rates der ESA«):

Zweck der Organisation ist es, die Zusammenarbeit europäischer Staaten für ausschließlich friedliche Zwecke auf dem Gebiet der Weltraumforschung, der Weltraumtechnologie und ihrer weltraumtechnischen Anwendungen im Hinblick auf deren Nutzung für die Wissenschaft und für operationelle Weltraumanwendungssysteme sicherzustellen und zu entwickeln,

a) indem sie eine langfristige europäische Weltraumpolitik ausarbeitet und durchführt, den Mitgliedstaaten Weltraumzielsetzungen empfiehlt und die Politik der Mitgliedstaaten in Bezug auf andere nationale und internationale Organisationen und Einrichtungen in Einklang bringt;

b) indem sie Weltraumtätigkeiten und -Programme ausarbeitet und durchführt;

c) indem sie das europäische Weltraumprogramm und die nationalen Programme koordiniert und indem sie die Letzteren schrittweise und so vollständig wie möglich in das europäische Weltraumprogramm integriert, insbesondere hinsichtlich der Entwicklung von Anwendungssatelliten;

d) indem sie die für ihr Programm geeignete Industriepolitik ausarbeitet und durchführt und den Mitgliedstaaten eine einheitliche Industriepolitik empfiehlt.

Das Hauptquartier heute. (ESA/A. Gonin)

Sitz der ESA ist Paris. Ihr Budget für das Jahr 2013 betrug 4,282 Mrd. Euro, von denen 3,109 Mrd., (entsprechend 72,6 Prozent) Beiträge der Mitgliedsländer Kanadas sind. Größter Geldgeber war Frankreich mit 747,5 Mio. Euro, gefolgt von der Bundesrepublik Deutschland mit 772,8 Mio. Euro, das entspricht einem Anteil von 24,8 Prozent. Die Europäische Gemeinschaft trug mit 991,1 Mio. Euro 21,3 Prozent des Gesamtbudgets. Aus anderen Einnahmequellen kamen 261,4 Mio. Euro (6,1 Prozent) in die ESA-Kassen.

Die ESA-Mitgliedsstaaten. (Stand: Juli 2015) (ESA)

Das ESA-Vertragswerk beinhaltete einige wichtige Neuerungen, mit deren Einführung versucht werden sollte, die bei der ELDO und ESRO gemachten Fehler zu vermeiden.

Zunächst wurde die Finanzierung der ESA von einer projektbezogenen Finanzierung auf eine jährlich neu zu verhandelnde Finanzierung umgestellt. Das erleichterte die Kostenkontrolle. Außerdem wurden alle Mitgliedsstaaten verpflichtet, sich an den administrativen Kosten der Organisation zu beteiligen. Auch die Teilnahme an den wissenschaftlichen Programmen wurde Pflicht. Bei allen anderen, den sogenannten optionalen Projekten, bekamen die Mitglieder die Wahlmöglichkeit zu erklären, ob sie daran teilzunehmen gedachten, oder eben nicht. Damit gab es für die einzelnen Länder die Option, sich an – aus ihrer Sicht nicht lukrativen Unternehmungen – gar nicht erst zu beteiligen. Im ESA-Vertrag wurde ebenfalls festgeschrieben, dass jedes Projekt durch eine einzelne verantwortliche Stelle geleitet werden sollte. Das konnte entweder die ESA selbst, eine von ihr beauftragte Stelle, beispielsweise eine nationale Raumfahrtagentur, oder eine andere Organisation sein.

Mit der Gründung der ESA endete die Geschichte der ELDO endgültig. In den 13 Jahren ihres Bestehens hatte es kaum Erfolge zu verzeichnen gegeben. Ein entscheidender Faktor des Scheiterns waren offensichtlich Managementfehler und zu großer Einfluss der Politik auf die Projektentwicklung gewesen. Nationale Interessen hatten Vorrang vor technischen Anforderungen gehabt. Zudem hatte sich das Konzept, die einzelnen Raketenstufen in verschiedenen Mitgliedsländern separat entwickeln und testen zu lassen und sie erst dann zur kompletten Rakete zusammenzubauen, nicht bewährt. Zu groß und kaum beherrschbar waren die Probleme bei der Integration der Komponenten gewesen.

Die Entwicklung der Europa 1 und Europa 2 hatten Unsummen verschlungen, ohne wirklich einsatzbereite Trägerraketen zu liefern. Obwohl in Großbritannien und Frankreich schon rudimentäre Erfahrungen in der Raketenentwicklung durch den Bau kleinerer, militärischer Raketen vorhanden gewesen waren, hatte der Aufbau einer Infrastruktur für Bau und Betrieb großer Trägerraketen enorme Summen gekostet. Doch trotz der Tatsache, dass keine der Europa-Raketen jemals kommerziell genutzt werden konnte, waren dennoch viele Fortschritte in der Raketentechnologie gelungen, beispielsweise bei der Nutzung hochenergetischer kryogener, also tiefgekühlter Treibstoffe, insbesondere flüssiger Wasserstoff und Sauerstoff.

In Deutschland hatte sich der Bremer Luft- und Raumfahrtkonzern Messerschmitt-Bölkow-Blohm (MBB) diese Technologie erarbeitet, die sonst nur in den klassischen Raumfahrtländern USA und UdSSR beherrscht wurde. Obwohl in der öffentlichen Wahrnehmung die Europa-Rakete nur eine große Geldvernichtungsmaschine gewesen zu sein schien, war der Wert des gewonnenen Know-hows nicht hoch genug einzuschätzen. Durch die in der Astris-Oberstufe verwendeten Technologien war es MBB gelungen, zu einem der führenden Raumfahrtkonzerne in Europa und weltweit zu werden.

L3S: RAKETE DER DRITTEN GENERATION

Die Arbeiten an der L3S, dem Nachfolger der Europa-Raketen, begannen unmittelbar nach den Brüsseler Beschlüssen vom Januar 1973. Verantwortlich für die Koordination der Arbeiten zeichnete Frankreichs Raumfahrtagentur CNES (Centre national d'études spatiales, dt.: Nationales Zentrum für Weltraumforschung). Hauptauftragnehmer wurde der französische Luft- und Raumfahrtkonzern SNIAS (Société Nationale Industrielle

Künstlerische Darstellung der L3S. (ESA)

Aérospatiale) mit Sitz in Paris. Wichtige Anteile an der Entwicklung hatten neben den ebenfalls französischen Unternehmen SEP (Société Européene de Propulsion) die Firmen Matra, Air Liquide und der schwedische Technologiekonzern Volvo. In Deutschland beteiligt war neben Messerschmitt-Bölkow-Blohm in Ottobrunn bei München, das an der Entwicklung der dritten Stufe arbeitete, auch der Flugzeugbauer Dornier mit Firmensitz in Friedrichshafen.

Die Rakete der dritten Generation wurde von Anfang an dafür ausgelegt, Satelliten in die geostationäre Umlaufbahn zu befördern. Die L3S sollte eine dreistufige Rakete werden, deren erste Stufe mit der ersten Stufe der Europa 3 nahezu identisch sein würde. Die zweite Stufe sollte auf einer stark modifizierten Version der Europa 3-Startstufe basieren. Die dritte Stufe würde mit flüssigem Wasserstoff und Sauerstoff betrieben werden.

Die Entwicklungskosten sollten bei »nur« zwei Milliarden Francs und damit deutlich unter den geschätzten Kosten für die der Europa 3 liegen. Der französische Plan sah vor, Partner an dem Projekt zu beteiligen, von denen eine finanzielle Last von mindestens 35 Prozent der Entwicklungskosten zu tragen waren. Da die ersten beiden Stufen der L3S-Trägerrakete denen der Europa 3 mehr oder weniger ähneln sollten, würden demzufolge deren Entwicklungskosten zumindest zum Teil mit den bereits aufgewendeten Mitteln für die Entwicklung der Europa 3 abgegolten sein.

1973 war zuallererst ein Jahr der Verhandlungen über die Finanzierung der L3S. Neuere Schätzungen deuteten nun bereits auf einen Entwicklungsaufwand in Höhe von 2,4 Milliarden Francs hin. Jedoch einzig und allein die BRD erklärte sich bereit, davon einen festen Betrag in Höhe von 320 Millionen DM, verteilt über acht Jahre, zu übernehmen. Großbritannien versprach vier Millionen Britische Pfund als Sachwert, nämlich in Form des Trägheitsnavigationssystems der Rakete, beizusteuern zu wollen. Nach langem zähen Hin und Her kam schließlich der folgende Verteilungsplan zustande:

Land	Anteil
Belgien	5,00 %
Dänemark	0,50 %
Frankreich	65,50 %
BRD	320 Mio. DM
Niederlande	1,00 %
Spanien	2,00 %
Schweiz	1,15 %
Großbritannien	4 Mio. Pfund
Italien und andere	6,00 %

Rigide Vertragsbedingungen begleiteten den Konsens. So war in den geschätzten Gesamtkosten von 2,4 Milliarden Francs bereits ein Sicherheitspuffer von 20 Prozent eingerechnet. Außerdem hatte jeder beteiligte Partner das Recht, bei Überschreitung es Budgets um mehr als 35 Prozent aus dem Vertrag auszusteigen. Damit waren die politischen Weichen gestellt, jetzt war noch eine Menge Arbeit zu tun.

Allerdings wurden diejenigen, die gehofft hatten, die neu gegründete Weltraumagentur könnte bereits 1974 offiziell die Arbeit aufnehmen, enttäuscht. Erst am 31. Mai 1975 wurden die Verträge zur Gründung der European Space Agency durch die Regierungen der zehn Mitgliedsstaaten Belgien, Dänemark, Frankreich, der Bundesrepublik Deutschland, Italien, den Niederlanden, Spanien, Schweden, der Schweiz und Großbritannien unterzeichnet.

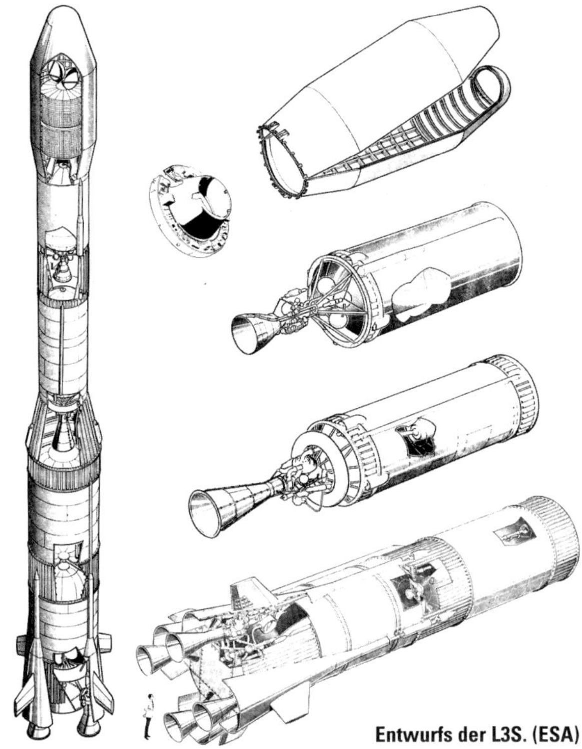

Entwurfs der L3S. (ESA)

Der erste von der französischen Weltraumagentur CNES ausgearbeitete Entwurf für die L3S aus dem Jahr 1972, war von einem dreistufigen, 47 Meter hohen, 206 Tonnen schweren, Rakete ausgegangen. Er basierte auf der nie realisierten Europa 3, verwendete aber nur Teile, die entweder schon fertig waren oder deren Weiterentwicklung keine hohen Kosten verursachen sollten. So wurde die erste Stufe unverändert übernommen. Sie sollte bei einer Höhe von 18,70 Meter mit einem Durchmesser von 3,80 Meter einschließlich Treibstoff 160 Tonnen wiegen. Davon waren 150 Tonnen Treibstoff, nämlich Hydrazin und Stickstofftetroxid als Oxidator, die innerhalb von 138 Sekunden verbraucht sein würden. Die Unterstufe sollte von vier Viking II-Triebwerken aus französischer Produktion angetrieben werden. Die Triebwerke waren schon fast fertig entwickelt und produzierten jeweils 35 Tonnen Schub. Die zweite Stufe sollte im Gegensatz zur für die Europa 3 projektierten, die mit technisch schwer beherrschbarem flüssigen Wasserstoff und Sauerstoff angetrieben worden wäre, einfacher ausgelegt. Sie sollte in der L3S mit den gleichen Treibstoffen wie die erste Stufe angetrieben werden, war 11,30 Meter hoch, 2,60 Meter im Durchmesser, wog betankt 37 Tonnen und würde 131 Sekunden lang arbeiten.

Im Gegensatz zu den beiden unteren Stufen würde die 9,6 Tonnen schwere Oberstufe mit tiefgekühlten flüssigen Wasserstoff und Sauerstoff betrieben werden. Sie sollte 8,50 Meter hoch und 2,60 Meter im Durchmesser sein. Ihr HM7-Triebwerk sollte 563 Sekunden lang 2,5 Tonnen Schub erzeugen können. Die Triebwerksentwicklung wurde der deutsche Firma Messerschmitt-Bölkow-Blohm übertragen. Mit diesem Konzept sollte die Nutzlastkapazität der L3S ausreichen, Satelliten von bis zu 1550 Kilogramm in den Geotransfer-Orbit zu transportieren.

Treibstoffe:

Bei den verschiedenen Versionen der Ariane-Raketen und ihrer Stufen werden unterschiedliche Treibstoffe und Treibstoffkomponenten verwendet. In der zeitlichen Entwicklung ist dabei der Trend hin zu energiereicheren Treibstoffen erkennbar.

Fest-Treibstoff:
In den Feststoffboostern und –Stufen wird APCP (Ammonium Perchlorate Composite Propellant, dt.: Ammoniumperchlorat-Verbundtreibstoff) eingesetzt. Es besteht aus einer Mischung aus ca. 70 % kristallinem Ammoniumperchlorat (NH4ClO4) als Oxidator und 15 % Aluminiumpulver (Al). Eingebettet sind diese Stoffe in 15 % Hydroxyl-terminiertes Polybutadien (HTPB), einem gummiartigen Kautschuk, der die Masse zusammenhält und zu einem festen Stoff macht.

Hypergole Flüssigtreibstoffe:
Allen im Ariane-Programm eingesetzten hypergolen Flüssigtreibstoffkombinationen ist Distickstofftetroxid (N2O4) als Oxidator gemeinsam. Dieser Stoff wird oft vereinfacht und nicht ganz korrekt nur als Stickstofftetroxid bezeichnet. In der Literatur findet man häufig das Kürzel NTO (engl.: Nitrogen Tetroxide).
Der Oxidator wird zusammen mit dem eigentlichen Brennstoff verwendet. Dieser besteht aus verschiedenen Abwandlungen des Hydrazinhydrats, kurz: Hydrazin (N2H4). Ursprünglich wurde reines UDMH, unsymmetrisches Dimethylhydrazin (C2H8N2) verwendet. Später ging man zu UH25, einer Mischung aus UDMH und Hydrazin, über.
In neuerer Zeit wird Monomethylhydrazin (CH6N2) eingesetzt, da es eine etwas größere Dichte und dadurch auch eine höhere Leistungsfähigkeit als Dimethyldrazin besitzt.
Die Kombination aus Hydrazin und Distickstofftetroxid wird als hypergol bezeichnet. Das bedeutet, die Komponenten reagieren bei Vermischung spontan miteinander. Es kommt zur explosionsartigen Verbrennung. Die Zündung erfolgt auf jeden Fall, ohne das bei so betriebenen Triebwerken ein komplizierter und fehleranfälliger Zündmechanismus vorhanden sein muss.
Diese Treibstoffe sind leicht lagerfähig. Sie sind zwar ätzend und aggressiv, lassen sich als einzelne Komponenten jedoch ohne Kühlung ohne großen Aufwand lagern und transportieren. Auf Grund dieser Eigenschaft können sie beispielsweise auch während längerer Countdown-Unterbrechungen in den Tanks der Rakete verbleiben.

Kryogene Treibstoffe
Kryogene, also tiefkalte Flüssigtreibstoffe finden in der Raketentechnik weite Verbreitung. Sie bestehen aus getrennt gelagertem und kurz vor dem Verbrennungsprozess vermischtem flüssigen Sauerstoff, dem Oxidator, und flüssigem Wasserstoff. Sie Treibstoffe haben einen hohen Energiegehalt, sind jedoch wegen ihrer tiefkalten Temperatur schwer zu handhaben und zudem hoch explosiv.
Flüssigsauerstoff (LOX, Liquid Oxygen) wird bei Temperaturen unterhalb des Siedepunktes des Sauerstoffs von -183° C, flüssiger Wasserstoff unterhalb des Siedepunktes des Wasserstoffs von -252° C gelagert und verarbeitet. Durch die extreme Kälte der Stoffe werden höchste Anforderungen an Leitungen, Ventile und Bauteile gestellt, die mit diesen Stoffen in Berührung kommen. Bei Raumtemperatur verdunstet ständig ein Teil der in den Raketentanks vorgehaltenen Flüssigkeit. Deshalb müssen sie bis kurz vor dem

Start ständig nachgefüllt werden. Bei längerdauernder Startverschiebung wird der Treibstoff wegen der Explosionsgefahr in der Regel wieder abgepumpt und in sicheren Lagerstätten zwischengelagert.
Die Zündung eines Wasserstoff-Sauerstoff-Gemisches muss entweder aufwändig elektrisch durch einen Zündfunken oder durch eine Explosivladung erfolgen.

Im Oktober des Jahres 1973 wurde die Umbenennung der Rakete von ihrem Arbeitstitel L3S auf den endgültigen Namen »Ariane« beschlossen. Das vielleicht erfolgreichste Trägerraketenprogramm der Geschichte war geboren.

EUROPA BRAUCHT EINE EIGENE TRÄGERRAKETE

Die Bundesrepublik Deutschland und Frankreich hatten Anfang 1966 in gemeinsamer Arbeit zwei Kommunikationssatelliten, Symphonie 1 und Symphonie 2, entwickelt. Frankreich plante mit seinem Satelliten Kommunikationsverbindungen zu seinen Überseegebieten sicherzustellen. Deutschland hatte die Absicht, über seinen Symphonie-Satelliten Fernsehbilder der bevorstehenden Olympischen Spiele 1972 in München in alle Welt zu übertragen. Für den Transport in den Orbit war ursprünglich die Europa 2 vorgesehen gewesen. Nach derem unrühmlichen Ende blieb den beiden Ländern nur mehr ein Start mit einer amerikanischen Rakete als Ausweg. Die USA weigerten sich jedoch, kommerzielle Satelliten nicht-amerikanischer Betreiber in den Weltraum zu befördern. Dadurch sollte das eigene Monopol bei Fernmeldesatelliten gesichert werden. Auch das Argument, es handele sich nur um regional genutzte Flugkörper, zog nicht bei den Amerikanern. Erst die Versicherung, die beiden Symphonie-Satelliten ausschließlich für Experimente und technologische Versuche zu nutzen, konnte die USA doch noch dazu bewegen, die beiden Satelliten schließlich im Dezember 1974 und im August 1975 mit zwei ihrer Delta-Raketen von Cape Canaveral aus zu starten.

Diese Erfahrung bekräftigte noch einmal den französischen Standpunkt, dass eine eigene europäische Trägerrakete für einen unabhängigen Zugang zum Weltraum unverzichtbar sei. Jahre später vertraten französische Experten hinter vorgehaltener Hand die Meinung, ohne diesen Vorfall mit den Symphonie-Satelliten hätte es vielleicht niemals eine Ariane-Rakete gegeben.

ARIANE 1

Die ESA übertrug der französischen Raumfahrtagentur CNES die Federführung des Ariane-Projektes. Diese wiederum vergab Aufträge an sechs Hauptauftragnehmer. Die Firma Aérospatiale wurde mit der Planung, dem Zusammenbau und der Endabnahme des geplanten Systems betraut. Außerdem war sie für Konstruktion und Bau der Strukturen aller drei Stufen zuständig. Die Antriebe der beiden ersten Stufen steuerte SEP bei, den der dritten Stufe die Firma Air Liquide. Den Auftrag für das Geräteteil für Telemetrie und Steuerung erhielt Matra, das Mess- und Prüfsystem lieferte ETCA. Die Entwicklung eines Testsatelliten erfolgte bei Aeritalia. Diese Unternehmen vergaben, aufgeschlüsselt nach dem Anteil der ESA-Mitgliedsbeiträge der einzelnen Länder, Aufträge an Subunternehmer der jeweiligen nationalen Industrie. In Deutschland beispielsweise profitierten MBB, ERNO, Dornier und MAN vom Bau der Rakete. Die Entwicklungskosten wurden zu diesem frühen Zeitpunkt auf 760 Millionen Accounting Units geschätzt.

Der Name Ariane

Die Wahl des Namens »Ariane« lässt sich heute nicht mehr zweifelsfrei nachvollziehen.
Eher aus dem Reich der Fabel scheint die Geschichte zu sein, dass es sich bei Ariane um die Geliebte eines französischen Ministers gehandelt haben soll.
Plausibler klingt da schon, der französische Technologieminister habe sich zu seinen zwei Söhnen noch eine Tochter gewünscht, der er den Namen Ariane zu geben beabsichtigte.
Offizielle Lesart der ESA ist jedoch, der Name sei gewählt worden, da er in allen europäischen Sprachen bekannt und vor allen Dingen auch einfach auszusprechen sei. Außerdem symbolisiert er durch den Bezug zur griechischen Sagengestalt Ariadne die Hoffnung, mit Hilfe des gleichnamigen Trägersystems das Chaos bei der Entwicklung der Europa-Raketen zu überwinden. Ariadne wies dem Helden Theseus mit Hilfe eines Wollfadens, den sie sich um das Handgelenk band, den Weg aus dem Labyrinth des Minotaurus heraus, dem auf Kreta jedes Jahr Opfer gebracht werden mussten.

Entwicklung

Die 1970er-Jahre standen ganz im Zeichen der Entwicklung der Ariane 1. Die Firma SEP brachte das Viking 5-Triebwerk für deren Unterstufe zur Einsatzreife. Die mechanischen Strukturen wurden getestet. Zum ersten Mal überhaupt wurde das elektrische System einer Trägerrakete auf Elektromagnetische Verträglichkeit (EMV) untersucht. Störungen des elektrischen Systems, die schon einige Male die Europa-Rakete in Schwie-

Die Accounting Unit

Seit den 1970er Jahre benutzte die ESA wie viele andere interstaatliche Organisationen in Europa die Accounting Unit (AU, dt.: Verrechnungseinheit). Sie diente der Schaffung einer gemeinsamen Grundlage bei der Berechnung von Geldbeträgen über die Grenzen nationaler Währungen hinaus. Da überwiegend mit hohen Beträgen gerechnet werden musste, wurde meist die MAU, die Einheit für eine Million Verrechnungseinheiten verwendet.
Aus der AU ging, vielen Lesern bestimmt noch in Erinnerung, die ECU (European Currency Unit, dt.: Europäische Währungseinheit) hervor. Diese war in der Zeit vom 1. Januar 1979 bis zum 31. Dezember 1998 die Rechnungseinheit der Europäischen Gemeinschaft (EG), später der Europäischen Union (EU). Der Umrechnungskurs von AU und ECU zur DMark schwankte im Laufe der Jahre nur wenig und lag immer um zwei DMark für eine AU oder eine ECU herum. Der Wert für eine MAU oder 1 Million ECU entsprach etwa 1 Million Euro, also 1,96 Millionen DMark.
Die ECU wiederum wurde durch den EURO abgelöst, der ab 1999 als Buchgeld und ab 2002 als Bargeld eingeführt wurde und die nationalen Währungen als Zahlungsmittel ersetzte.
Aus Gründen der besseren Vergleichbarkeit werden in diesem Buch überwiegend die Einheiten AU, ECU und Euro verwendet. Nationale Währung werden nur benutzt, wenn dies für das bessere Verständnis dienlich ist. In diesem Zusammenhang muss natürlich auch die sich im Laufe der Jahrzehnte auf Grund der Inflation stark verändernde Kaufkraft der nationalen Währungen, der AU, der ECU und des Euro, beachtet werden. Der für eine AU zu erzielende Gegenwert war wesentlich größer, als der heute für einen Euro.

ELA1-Startkomplex mit einer Ariane 1-Rakete. (Arianespace)

rigkeiten gebracht hatten, mussten künftig ausgeschlossen werden.

Parallel wurde in Kourou die alte Startanlage für die Europa-Trägerraketen auf die Nutzung durch die Ariane umgebaut. Die Fertigstellung der ELA1 (Ensembles des Lancement Ariane, dt.: Startkomplex für die Ariane) erfolgte Mitte 1977. Schließlich wurden die kompletten Stufen um den Jahreswechsel 1977/78 herum getrennt voneinander getestet.

Befürchtungen der ESA, Satellitenstarts mit der Ariane könnten zu teuer und damit nicht konkurrenzfähig werden, führten zu Untersuchungen, ob nicht zumindest die erste Stufe wiederverwendbar ausgelegt werden könnte. Dazu führte die deutsche DFVLR (Deutsche Forschungs- und Versuchsanstalt für Luft- und Raumfahrt) Untersuchungen im Windkanal durch. Das Ergebnis war negativ. Die Raketenstufe war in ihrem Flugverhalten instabil und begann, sich nach dem Abtrennen in der Luft zu überschlagen. Damit entstand die Gefahr, dass eine Fallschirmlandung misslingen und die Stufe unkontrolliert auf die Erde stürzen könnte. Die Idee der Wiederverwendbarkeit wurde daraufhin schnell aufgegeben.

Die Erkenntnis, dass die Ariane 1 für Einzelstarts von Satelliten vermutlich zu teuer werden würde, führte zu der Idee, bei einem Start gleich zwei Satelliten zusammen in den Weltraum zu befördern. Ab 1978 wurde deshalb an der Entwicklung eines Adapters, genannt SYLDA (Systemè des Lancements double Ariane, dt.: Doppelstartsystem für die Ariane), gearbeitet. Mit ihm sollten zwei Nutzlasten auf der Spitze der Rakete montiert und unabhängig voneinander im Weltraum ausgesetzt werden können. Zwei Satellitenbetreiber würden sich dann die Kosten für einen Raketenstart teilen.

Der erste Test einer Ariane 1 war für etwa Mitte 1979 avisiert. Jedoch veranlasste ein zum Glück noch rechtzeitig entdeckter Fehler in der dritten Stufe den Hauptauftragnehmer Aerospatiale den Termin auf November zu verschieben. Der

Test sollte aber auf jeden Fall noch vor Ende des Jahrzehnts durchgeführt werden. Dieser neue Termin wurde allerdings erneut gefährdet, als weitere Arbeiten an der Oberstufe notwendig wurden. Schließlich wurde der 15. Dezember 1979 als das alles entscheidende Datum festgelegt.

Da nicht sicher war, ob die dritte Stufe zu diesem Zeitpunkt schon einsatzbereit sein würde, sollte bereits das ordnungsgemäße Funktionieren der ersten beiden Stufen als Erfolg des Tests gewertet werden. Um ein möglichst realistisches Szenario zu schaffen, trug die Rakete einen Messgeräteträger und 1400 Kilogramm Ballast an Stelle einer Nutzlast.

Der Countdown begann 38 Stunden vor dem geplanten Start. Nach fünf Stunden wurde der Service-Turm beiseite gefahren und die ersten beiden Stufen betankt. Die tiefgekühlten Treibstoffe der dritten Stufe wurden erst drei Stunden vor dem Start in die Tanks gepumpt. Eine Stunde vor dem geplanten Abheben kam es zu einer Störung. Zunächst sah es so aus, als müssten die Startvorbereitungen für diesen Tag abgebrochen werden. Doch erwies sich das Problem schließlich nicht als so gravierend und der Countdown wurde fortgesetzt. Die elektrischen Systeme der Rakete wurden 40 Minuten vor dem Start autark, sechs Minuten vor der Zündung übernahm die automatische Steuerung den Ablauf des Geschehens. Die letzten Sekunden verstrichen. Die Uhr sprang auf Null, die Triebwerke zündeten, Rauch stieg auf. Aber nur für die drei Sekunden, dann schaltete der Computer die Triebwerke wieder ab. Die Klammern, die die Rakete am Boden festhielten, waren noch nicht gelöst worden, die Ariane hatte noch nicht abgehoben. Sensoren hatten einen Druckabfall in der Brennkammer eines der vier Unterstufen-Triebwerke gemeldet. Bei näherer Betrachtung zeigte sich allerdings, dass die Messwerte fehlerhaft gewesen waren; ein wirkliches Problem hatte nicht bestanden. Der Startversuch wurde allerdings für diesen Tag ohne Ergebnis abgebrochen.

Die nächsten Tage arbeiteten Ingenieure und Techniker fieberhaft, um doch noch einen Versuch im laufenden Jahr zu ermöglichen. Der Start wurde für den 23. Dezember neu angesetzt. Die Vorbereitungen verliefen an diesem Tag zwar störungsfrei, dafür spielte das Wetter nicht mit. Weniger als eine Minute vor dem Start wurde der Countdown wegen tiefhängender Wolken und strömenden Regens abgebrochen.

24 Stunden später, am Weihnachtstag des Jahres 1979, dann der dritte Versuch. Erneut verlief der Countdown ohne Beanstandungen. Schließlich gab der französischen Staatspräsidenten Valery Giscard d´Estaing, der an diesem Tag dem Startversuch persönlich beiwohnte, das Startkommando. Die Anwesenheit des Präsidenten schien dem Unterfangen Glück zu bescheren. Die Rakete hob sich donnernd in den Himmel. Das einzige erwähnenswerte Ereignis war, dass die dritte Stufe zehn Sekunden vor der geplanten Zeit abschaltete. Da sie aber mehr Schub produziert hatte als vorausberechnet worden war, erreichte der Testsatellit trotzdem den vorgesehenen Orbit. Der erdnächste Punkt seiner Umlaufbahn lag in 202 Kilometer, der erdfernsten Punkt in 35.753 Kilometer Höhe über der Erde.

Die Technik der Ariane 1

Die Ariane 1 war eine dreistufige Rakete, die mit ihrem Startgewicht von 210 Tonnen Nutzlasten von bis zu 1850 Kilogramm in den geostationären Transferorbit befördern konnte.

Die erste Stufe L140 war 18,40 Meter lang und hatte ein Gesamtgewicht von 161 Tonnen. Das »L« in der Bezeichnung stand für »Liquid«, die »140« bedeutete, dass Treibstoff von 140 Tonnen Gewicht mitgeführt werden konnte. Tatsächlich waren es bis zu 148 Tonnen Hydrazin und Stickstofftetroxid. Diese beiden selbstentzündlichen Treibstoffkomponenten haben den Vorteil, dass sie vergleichsweise unkompliziert gelagert und transportiert werden können. So müssen sie beispielsweise bei einer Unterbrechung des Count-

Erster Start einer Ariane 1 am 24. Dezember 1979 (ESA)

Die Triebwerke einer Ariane 1 haben gezündet. Man erkennt das charakteristische Herabfallen der Isolierplatten des Treibstofftanks der zweiten Stufe. (ESA/CNES)

Zwei fertig montierte Viking-Triebwerke. (DLR-Archiv)

downs nicht wieder aus den Tanks abgepumpt werden, sondern können auch längere Zeit in der Rakete verbleiben. Zusammen mit den 13,3 Tonnen Leergewicht der Stufe wog diese beim Start 160,9 Tonnen. Angetrieben wurde die L140 von vier Triebwerken des Typs Viking 5, die zusammen 145 Sekunden lang 2446 kN Schub lieferten. Sie waren paarweise schwenkbar und ermöglichten so Korrekturen der Flugbahn. Die Triebwerke und ihre Nebenaggregate waren in einem 2,30 Meter hohen Schubgerüst am unteren Ende der Stufe integriert, das in Deutschland von der Firma MAN gefertigt wurde. Dort fanden sich auch kleine Flügel, die die Rakete in den dichten Atmosphäre Schichten stabilisierten und eine Rollbewegung um die Längsachse verhinderten. Die ohne Flügel 3,80 Meter durchmessende Stufe verbreiterte sich dadurch in diesem Bereich auf 7,50 Meter.

Erste und zweite Stufe waren über ein 2,60 Meter langes Übergangsstück, den sogenannten Stufenadapter, miteinander verbunden. Er lief konisch zu und verjüngte sich dabei auf 2,60 Meter, dem Durchmesser der zweiten Stufe.

Diese zweite Stufe L33 mit 33 Tonnen Hydrazin und Stickstofftetroxid als Treibstoff war 11,60 Meter lang und wog auf der Startrampe 36 Tonnen. Angetrieben wurde sie durch ein einzelnes, schwenkbares Viking 4-Triebwerk. Dieses produzierte 700 kN Schub und war gegenüber den Viking 5-Einheiten der Unterstufe für den Betrieb im Vakuum des Weltalls optimiert. Die L33 war mit Isolierplatten aus Kunststoff verkleidet, die übermäßiges Verdunsten des Stickstofftetroxids in der tropischen Hitze Kourous verhindern sollten. Die Platten wurden beim Start zur Gewichtsreduzierung abgeworfen. Dies ist in Filmsequenzen vom Abheben der Rakete charakteristisch und deutlich zu erkennen.

Zusammengebaut wurde die zweite Stufe von der Firma ERNO (Entwicklungsring Nord) in Bremen, die später in der DASA und schließlich in der EADS aufging. Diese Stufe erwies sich im Verlauf des Ariane-Programms als äußerst zuverlässig und wurde im Laufe der weiteren Entwicklung von der Ariane 1 bis zur Ariane 4 so gut wie nicht verändert.

Die dritte Stufe H8 (»H« für Hydrogen = Wasserstoff) wurde durch ein schwenkbares HM7-Triebwerk angetrieben, das in 563 Sekunden 1,55 Tonnen flüssigen Wasserstoff und 6,7 Tonnen ebenfalls flüssigen Sauerstoff verbrannte. Dabei produzierte es 61,3 Kilonewton Schub. Die Stufe war mit einer zwei Zentimeter dicken Hülle aus Isolierschaum gegen die Umgebungswärme abgeschirmt. Dennoch verdampfte ständig ein Teil der tiefgekühlten Treibstoffe. Deshalb wurde die Stufe erst wenige Stunden vor dem Start betankt und die Verdampfungsverluste bis fünf Sekunden vor dem Abheben durch ständiges Nachfüllen ausgeglichen. Bei einer längerdauernden Startverschiebung wurden die Tanks entleert und erst vor dem nächsten Versuch wieder befüllt. Die Oberstufe war 8,9 Meter lang und hatte einen Durchmesser von 2,60 Meter. Sie wog einschließlich der Treibstoffe 9,5 Tonnen. An der Außenhülle der H8 befanden sich sechs kleine Düsen. Durch sie konnten Raketenstufe und Nutzlasten mittels gezieltem Einsatz von gasförmigen Wasserstoff in langsame Rotation versetzt und in die für das Aussetzten der Satelliten günstigste Fluglage gebracht werden.

Zwischen Oberstufe und Nutzlast befand sich die VEB (»Vehicle Equipment Bay«, dt.: Fahrzeug-Geräte-Einheit). Nur 1,2 Meter hoch beherbergte sie den Steuercomputer der Rakete, außerdem Navigations- und Telemetrie-Systeme und die Batterien zur Stromversorgung.

Darüber befand sich die für die damalige Zeit riesige zweiteilige Nutzlastverkleidung aus Aluminium und Kohlefaser-Verbundstoff. Sie wog 826 Kilogramm, war 8,7 Meter hoch und hatten einen maximalen Durchmesser von 3,20 Meter. Ihr Volumen betrug 50 Kubikmeter, von denen 35 Kubikmeter nutzbar war. Anfangs in Frankreich gebaut, kamen die Nutzlastverkleidungen später aus der Schweiz. Nach 246 Sekunden in 110 Kilometer Höhe wurde die Verkleidung abgeworfen und die Nutzlast freigelegt.

Eine Sylda-Doppelstartvorrichtung wird auf einer Ariane 1-Trägerrakete montiert. Oben auf der Sylda erkennt man eine der beiden Satellitennutzlasten. Die andere ist im Inneren der Vorrichtung vor den Blicken verborgen. (ESA)

Im Inneren dieser Nutzlastverkleidung befand sich das Sylda-Startgestell (Système des Lancements double Ariane, dt.: Doppelstartsystem für die Ariane), 3,40 Meter hoch und 2,90 Meter im Durchmesser. Dabei handelte es sich um ein Gestell, in dessen Inneren einer der beiden Satelliten ruhte. Der zweite Satellit war oben auf dem Deckel des Sylda montiert. Nach Erreichen der endgültigen Umlaufbahn wurde der obere der beiden Satellit zuerst ausgesetzt. Anschließend wurde das Sylda abgeworfen und dann der jetzt freiliegende untere Satellit abgestoßen.

Tabelle 3 - Datenblatt Ariane 1.

Ariane 1	
Entwicklungszeitraum	1973-1979
Höhe	47,4m
Durchmesser	3,8 m
Startmasse	207 t
Startschub	2446 kN
Max. LEO-Nutzlast	2600 kg
Max. GTO-Nutzlast	1850 kg
Stufen	3
Erster Start	24.12.1979
Letzter Start	22.01.1986
Flüge	11
Fehlstarts	2
Zuverlässigkeit	81,8 %

	1. Stufe: L140	2. Stufe: L33	3. Stufe: H8
Länge	18,4 m	11,5 m	8,9 m
Durchmesser	3,8 m	2,6 m	2,6 m
Startmasse	160 t	36 t	9,5 t
Triebwerk(e)	4 x Viking 5	1 x Viking 4	1 x HM7
Schub	2446 kN	700 kN	61 kN
Brenndauer	145 s	140 s	563 s
Treibstoff(e)	Hydrazin, NTO	Hydrazin, NTO	LOX, LH2

Beginn der kommerziellen Nutzung

Waren ursprünglich die Gründe für den Bau einer europäische Trägerrakete überwiegend politischer Natur, traten ab Mitte der 1970er-Jahre mehr und mehr wirtschaftliche Erwartungen in den Vordergrund. Aus der Überlegung, die Ariane könnte ab etwa 1981 für den wirtschaftlichen Einsatz zur Verfügung stehen, entstand der Wunsch, Regeln für die kommerzielle Nutzung zu haben. Ab Mitte 1976 kursierten Entwürfe der ESA-Führung, die Bedingungen für die Produktion der Ariane 1 und die Verteilung der Verantwortlichkeiten zwischen ESA und CNES betreffend. Wirtschaftliche Faktoren wie voraussichtliche Kosten von Rakete und Startaktivitäten wurden Schätzungen von Nachfrage und erzielbarem Gewinn gegenüber gestellt. Es schien realistisch, von mindestens 24 und maximal 46 kommerziellen Starts im Zeitraum von 1981 bis 1990 auszugehen. Unter Berücksichtigung der Produktionskapazitäten der beteiligten Industriefirmen schienen vier Starts pro Jahr optimal.

Ursprünglich war davon ausgegangen worden, dass die Ariane nach vier erfolgreichen Starts für den kommerzielle Einsatz als qualifiziert anzusehen sein würde. Im Oktober 1976 entschied der ESA-Rat jedoch, noch eine Demonstrationsphase einzuschieben, die weder vollständig der Entwicklungsphase, noch bereits der kommerziellen Nutzung zugeordnet werden sollte. Dieser Zeitraum war als Werbung für die Ariane gedacht und sah sechs Raketenstarts vor. Durch sie sollten potenzielle Kunden von der Zuverlässigkeit und den Fähigkeiten der beteiligten Industrie zur termingerechten Bereitstellung von Startgelegenheiten überzeugt werden. Eine Möglichkeit, die Demonstrationsphase entsprechend zu nutzen, wurde darin gesehen, vier der sechs Flüge für den Start von ESA-eigenen Satelliten zu nutzen und so das eigene Vertrauen in die neue Trägerrakete zu demonstrieren.

Ungefähr zu dieser Zeit gelang es dem ESA-Direktorium die luxemburgische Firma INTELSAT, einen global agierenden Anbieter für Kommunikationsdienstleistungen über geostationäre Satelliten, für den Start eines ihrer Satelliten im Jahr 1981 zu gewinnen. Dies war auch deshalb von herausragender Bedeutung, weil INTELSAT bisher alle Satelliten mit US-amerikanischen Trägerraketen gestartet hatte. Die Entscheidung pro Ariane gab den geschäftlichen Bemühungen der ESA einen nicht zu unterschätzenden Auftrieb. Das nicht zuletzt, weil die Amerikaner auf das Space Shuttle setzten, das – so glaubten sie zu diesem Zeitpunkt – im Wochentakt Satelliten zu unschlagbar günstigen Konditionen ins All befördern würde. Die ESA-Verantwortlichen waren sich jedoch ungeachtet des Space Shuttles sicher, bald im Besitz eines konkurrenzfähigen Trägersystems zu sein,.

Frankreich äußerte zu jener Zeit Bedenken, die Entscheidungswege innerhalb der ESA seien zu kompliziert und hinderlich für schnelles Handeln auf einem sich stetig wandelnden, expandierenden Markt. Die Franzosen schlugen folgerichtig vor, die Verantwortung für Fertigung, Marketing und Start der Ariane-Raketen an eine privatwirtschaftliche Firma zu übertragen. Eine entsprechende Vereinbarung sollte zunächst für zehn Jahre gelten und dann um jeweils zehn weitere Jahre verlängert werden können, um veränderten marktwirtschaftlichen Anforderungen zu genügen. Diese Firma, die bald darauf den Namen »Arianespace« erhielt, sollte die CNES und die an der Produktion der Ariane beteiligten Firmen als Anteilseigner einschließen. Tatsächlich erklärten sich 32 der 35 in Frage kommenden Firmen, die 93 Prozent des benötigten Kapitals repräsentierten, bereit, dieser Firma beizutreten. Die Anteilseigner trugen zwar das wirtschaftliche Risiko, waren dafür jedoch auch an den Entscheidungsprozessen beteiligt. Das Unternehmen sollte von staatlichen Zahlungen unabhängig und gewinnorientiert arbeiten. Arianespace nahm den Geschäftsbetrieb offiziell am 16. März 1980 auf.

Firmenzweck war die Finanzierung, die Produktion, das Marketing und die Durchführung der Starts der Ariane-Trägerraketen nach Beendigung der Demonstrationsphase. Die am Unternehmen Arianespace beteiligten Staaten wurden genauso wie die ESA verpflichtet, ihre Satelliten ausschließlich mit Ariane-Trägerraketen zu starten. Einzige erlaubte Ausnahme war ein dadurch eventuell entstehender Nachteil für den jeweiligen Satellitenbetreiber. Erste Schätzungen wurden öffentlich, welchen Preis Arianespace für den Start eines Satelliten der 500 Kilogramm-Klasse fordern werden würde. Die ESA veranschlagte 150 Millionen Francs (26,53 MAU) für den Start eines einzelnen Satelliten. Die USA berechneten dafür 95 Millionen Francs (16,80 MAU). Arianespace versprach jedoch für jeden Start einen Partner für die Mitnahme eines zweiten Satelliten zu finden. Gelänge dies im Zeitraum bis 18 Monate vor dem Starttermin, hatte der Kunde nur den niedrigeren Preis für einen Doppelstart zu zahlen, dieser betrug 16,80 MAU. Im Fall des Scheiterns der Partnersuche hatte der Kunde drei Wahlmöglichkeiten: Er konnte den geschlossenen Vertrag gegen eine Strafgebühr stornieren, den Start des Satelliten verschieben, bis ein geeigneter Partner gefunden war, oder er konnte den vollen Preis zahlen, um seine Nutzlast doch termingerecht in den Orbit befördern zu lassen.

Dem zweiten Startversuch (V2) der Ariane 1 wurde mit großem Optimismus entgegen gesehen. Auch diesmal musste der Start zunächst wegen technischer Probleme, dann wegen schlechten Wetters mehrfach verschoben werden. Schließlich hob die Rakete am 23. Mai 1980 von der Plattform ab. Die ersten Sekunden des Fluges verliefen ohne Probleme. Dann entstand nach 50 Sekunden in 50 Kilometer Höhe zunächst in einem, dann auch noch in einem zweiten Triebwerk der ersten Stufe ein Druckverlust. Die Rakete musste nach 108 Sekunden aus Sicherheitsgründen in 64 Kilometer Höhe per Funkbefehl zerstört werden. Die Trümmer gingen 26 Kilometer vor der Küste Guayanas nieder. Sie konnten, zumindest teilweise, aus dem Meer geborgen werden. Die Nutzlasten, der deutsche Satellit Feuerrad und ein Amateurfunksatellit, gingen verloren.

Die Sichtung der Telemetrie Daten und die Untersuchung der geborgenen Wrackteile zeigten, dass die Brennstoffeinspritzung in die Startstufentriebwerke ungleichmäßig gewesen war. Das hat-

Start einer Ariane 1 vom Komplex ELA1 am 16. Juni 1983 zum Flug V6. (ESA)

te Vibrationen und Instabilitäten der Triebwerke zur Folge gehabt.

Das Problem wurde zeit- und kostenaufwändig behoben. Deshalb dauerte es auch bis zum 19. Juni des nächsten Jahres, bevor der dritte Testflug (V3) endlich stattfinden konnte. Er verlief problemlos. Zwei Satelliten, Meteosat 2 und der indische APPLE, wurden in einem geostationären Transferorbit ausgesetzt.

Bisher war allen Nutzlasten während der Demonstrationsphase kostenlose oder zumindest sehr kostengünstige Mitfluggelegenheiten eingeräumt worden. Nach dem ebenfalls erfolgreichen vierten Flug (V4) am 20. Dezember 1981, entschied die CNES, schon jetzt die Rakete für die kommerzielle Nutzung, also für zahlende Kunden, freizugeben. Zu diesem Zeitpunkt füllten schon 25 Anmeldungen mit einem Volumen von 500 MAU die Auftragsbücher.

Der fünfte und gleichzeitig erste kommerzielle Ariane 1-Start (V5), fand am Abend des 10. September 1982 statt. Die Rakete hob mit den Satelliten Marecs B und Sirio ab. Alles verlief perfekt, bis nach 560 Sekunden das Triebwerk der dritten Stufe nach der Hälfte seiner Brennzeit versagte. Die Rakete stürzte ab. Durch dieses Scheitern, dem zweiten innerhalb der ersten fünf Startversuche, lag die Verlässlichkeit der Ariane 1 damit nur noch bei 60 Prozent, weit unter den ursprünglich angestrebten 98 Prozent. Das steigerte nicht eben das Vertrauen der Satellitenbetreiber in die Sicherheit dieser Trägerrakete.

Die Ursache des Versagens der dritten Stufe, ein mechanisches Problem mit der Turbopumpe des Drittstufentriebwerks, wurde erkannt und behoben. Beim Flug V6 im folgenden Jahr herrschte daraufhin eine »Alles oder Nichts«-Stimmung. Der Start am 16. Juni 1983 gelang, der Kommunikationssatellit ECS 1 und der Amateurfunksatellit Oscar 10 erreichten ihre Umlaufbahnen. Dieser gelungene Flug war der Beginn einer Erfolgsserie von fünf weiteren Ariane 1-Flügen, bei der sechs Satelliten ins All befördert wurden. Die Ära der Ariane 1 endete mit ihrem letzten Start am 21. Februar 1986. Bei insgesamt elf Starts war es zwei Mal zum Verlust von Rakete und Nutzlast gekommen, eine Erfolgsquote von 81,1 Prozent. Nicht so gut wie erhofft, aber dennoch akzeptabel, befand Arianespace.

Der vielleicht prominenteste Passagier einer Ariane 1 war die europäische Kometensonde Giotto. Sie begann ihre achtmonatige Reise am 2. Juli 1985 in Kourou mit Flug V14. Die Trägerrakete brachte die Sonde in eine Parkbahn, von der aus sie nach drei Erdumläufen mit eigenem Antrieb die Reise zum Halley'schen Kometen antrat. Dort traf Giotto am 14. März 1986 ein und sendete bei ihrem Vorbeiflug neben wissenschaftlichen Daten auch die ersten Nahaufnahmen eines Kometenkerns überhaupt aus nur 596 Kilometer Entfernung zurück ins Kontrollzentrum der ESA in Darmstadt.

Arianespace war es mit der Ariane 1 gelungen, Fuß auf dem Markt für Satelliten-Startoperationen zu fassen. Die Auftragsbücher waren gut gefüllt, die Warteliste für einen Start lang. Die tragische Explosion des Space Shuttles Challenger am 28. Januar 1986, nur 25 Tage vor dem letzten Einsatz der Ariane 1, spielte den europäischen Interessen zusätzlich in die Hände. Die mit hohen Vorschusslorbeeren bedachten amerikanischen Raumfähren standen für unbestimmte Zeit nicht mehr als Transportmittel zur Verfügung. Eine Reihe von Umbuchungen von bereits geschlossenen Startkontrakten vom Shuttle zur Ariane waren zwangsläufig die Folge.

Weiterentwicklung der Ariane

Schon vor dem Jungfernflug der Ariane 1 wurde seit Ende der 1970er-Jahre seitens der ESA über mögliche technologische Weiterentwicklungen des Programms diskutiert. Der Trend zu immer größeren und schwereren Satelliten ließ die Erhöhung der Nutzlastkapazitäten unvermeidlich scheinen. Nicht zuletzt auch die drohende Konkurrenz durch das amerikanische Space Shuttle, das – wie man heute weiß – mit völlig utopischen Erwartungen an Startkosten und -Frequenz so manchen Satellitenbetreiber in Euphorie versetzte, veranlasste die ESA mit der Arbeit an den Ariane-Modellen der nächsten Generation zu beginnen.

Prognosen sagten voraus, dass in der nächsten Zeit mit Satelliten in der Gewichtsklasse zwischen 0,7 Tonnen und einer Tonne für den GTO zu rechnen sei. Die neuen Trägerraketen sollten daneben weiterhin die Fähigkeit haben, mit Hilfe des SYLDA-Systems zwei solcher Nutzlasten auf einmal mit einer Trägerrakete zu starten, um die Transportkosten für die Satellitenbetreiber niedrig zu halten. Das Entwicklungsziel für die Ariane 2 war daher eine Kapazität von insgesamt 1950 Kilogramm, für die Ariane 3 sogar 2300 Kilogramm für den Transport in einen Geotransfer-Orbit. Drei Möglichkeiten boten sich an, diese Vorgaben zu erreichen: die Erhöhung des Startschubs durch Verbesserung der Viking-Triebwerke, die Steigerung des Treibstoffvolumens und eine damit verbundene längere Brenndauer der dritten Stufe und nicht zuletzt die Verwendung von Feststoff-Zusatzraketen.

2. Stufe der Ariane 2 wird aufgerichtet. (Aerospatiale/ESA)

Tabelle 4 - Datenblatt Ariane 2.

Ariane 2	
Entwicklungszeitraum	1980-1986
Höhe	48,7 m
Durchmesser	3,8 m
Startmasse	221 t
Startschub	2580 kN
Max. LEO-Nutzlast	4000 kg
Max. GTO-Nutzlast	2175 kg
Stufen	3
Erster Start	31.05.1986
Letzter Start	02.04.1989
Flüge	6
Fehlstarts	1
Zuverlässigkeit	83,3 %

	1. Stufe: L140	2. Stufe: L33	3. Stufe: H8
Länge	18,4 m	11,5 m	9,9 m
Durchmesser	3,8 m	2,6 m	2,6 m
Startmasse	160 t	37 t	12 t
Triebwerk(e)	4 x Viking 5	1 x Viking 4	1 x HM7B
Schub	2720 kN	800 kN	65 kN
Brenndauer	135 s	126 s	735 s
Treibstoff(e)	Hydrazin, NTO	Hydrazin, NTO	LOX, LH2

Tabelle 5 - Datenblatt Ariane 3.

Ariane 3	
Entwicklungszeitraum	1980-1984
Höhe	48,7 m
Durchmesser	3,8 m
Startmasse	241 t
Startschub	3820 kN
Max. LEO-Nutzlast	5000 kg
Max. GTO-Nutzlast	2700 kg
Stufen	3
Booster	2
Erster Start	04.08.1984
Letzter Start	11.07.1989
Flüge	11
Fehlstarts	0
Zuverlässigkeit	100 %

	1. Stufe: L140	2. Stufe: L33	3. Stufe: H8	Booster:
Länge	18,4 m	11,5 m	9,9 m	7,7 m
Durchmesser	3,8 m	2,6 m	2,6 m	1,1 m
Startmasse	160 t	37 t	12 t	9,7 t
Triebwerk(e)	4 x Viking 5	1 x Viking 4	1 x HM7B	1
Schub	2720 kN	800 kN	65 kN	690 kN
Brenndauer	135 s	126 s	735 s	29 s
Treibstoff(e)	Hydrazin, NTO	Hydrazin, NTO	LOX, LH2	APCP (Feststoff)

Die Entwicklung der beiden neuen Trägerraketen wurden parallel in Angriff genommen. Für die Ariane 2 bestand eine naheliegende Lösung darin, durch Erhöhung des Brennkammerdrucks der vier Viking 5-Triebwerke der Startstufe den Schub um knapp 140 kN gegenüber der Ariane 1 auf dann 2580 kN zu erhöhen. Mit der gleichen Maßnahme vermochte das Triebwerk der zweiten Stufe jetzt bis zu 126 Sekunden lang 798 Kilonewton Schub zu produzieren. Das entsprach einer Steigerung um fast 100 Kilonewton gegenüber dem Vorgängermodell.

Die dritte Stufe wurde komplett überarbeitet. Das Volumen der Tanks für den flüssigen Wasserstoff und Sauerstoff wurden durch deren Verlängerung um 1,25 Meter erhöht. Durch die auf Grund der zusätzlichen zwei Tonnen Treibstoff einwirkenden größeren Kräfte während des Starts und der Flugphase wurde es nötig, die mechanische Struktur der Oberstufe zu verstärken. Zu guter Letzt wurde auch beim HM7-Triebwerk dieser Stufe der Brennkammerdruck derart gesteigert, dass sein Schub von bisherigen 61,3 kN bei der Ariane 1 auf schließlich 64,8 Kilonewton bei der Ariane 2 gesteigert werden konnte. Zusätzlich erhöhte sich die maximale Brenndauer von 563 Sekunden auf 720 Sekunden.

Die Ariane 3 unterschied sich von ihrer Schwester Ariane 2 ausschließlich durch zwei an den Seiten angebrachte Feststofftriebwerke, sogenannte »Booster«. Diese lieferten in den ersten Sekunden des Fluges jeweils 700 kN zusätzlichen Schub. Jedes der Feststofftriebwerke war 7,7 Meter lang und hatte 1,1 Meter Durchmesser. Die Feststoff-Booster wurden von der italienischen Firma SNIA hergestellt. Sie trugen die Bezeichnung SPB 7.35 für »Solid Propellant Booster« (dt.: Feststoff-Triebwerk) mit 7.35 Tonnen einer Treibstoffmischung aus Ammoniumperchlorat, Aluminiumpulver und Kunststoffen als Bindemittel. Sie wurden erst zwei Sekunden nach dem Abheben der Rakete in elf Metern Höhe gezündet. Durch diese Maßnahme sollte die Beschädigung der Startplattform durch die ultraheißen Abgasstrahlen der beiden Zusatztriebwerke verhindert werden. Die Booster waren im Prinzip nichts anderes als Stahlhülsen mit fünf Millimeter Wandstärke. Der verbrennende Treibstoff erzeugte in ihrem Inneren bis zu 60 bar Druck. Ihr Düsenkegel aus einem Epoxidharz-Kunststoff wies ungefähr 14 Grad nach außen. Damit wurde der Düsenstrahl von der Rakete weg gelenkt. Nach dem Ausbrennen der Feststofftriebwerke nach nur 29 Sekunden wurden sie durch zwei dicke, im entspannten Zustand 1,50 Meter lange Federn von der Rakete abgestoßen. Dadurch verringerte sich das Gewicht der startenden Rakete schlagartig. Die Ariane 3 befand sich zu diesem Zeitpunkt in ungefähr 4,5 Kilometer über dem Erdboden.

Während der laufenden Entwicklung der beiden neuen Ariane-Modelle wurden erneut Überlegungen zur Wiederverwendung der ersten Stufe angestellt, um zumindest deren teure Antriebseinheit noch mal zu verwenden. Drei große Fallschirme sollten dazu die Fallgeschwindigkeit nach der Stufentrennung so weit verringern, dass sie den Aufprall auf dem Meer unzerstört überstehen können würde. Das hätte die Produktionskosten der Rakete und damit natürlich auch den Preis, den ein Kunde für den Start seines Satelliten zu bezahlen hatte, um mehr als zehn Prozent verringert. Als sich im Laufe der Zeit jedoch bald herausstellte, dass die Ariane-Rakete auch ohne diese Kosteneinsparung gegenüber der amerikanischen Konkurrenz wettbewerbsfähig sein würde, wurden die Bemühungen in diesem Punkt eingestellt.

Da die Ariane 2 und die Ariane 3 aus relativ einfachen Veränderungen ihrer Vorläuferin hervorgingen, schienen die aufzuwendenden Entwicklungskosten durchaus überschaubar zu sein. Sie wurden Mitte des Jahres 1978 auf 60,4 MAU geschätzt. Das entsprach etwa einem Zehntel der vergleichbaren Kosten der Ariane 1. Der Kostenminimierung kam ebenfalls die Entscheidung zu Gute, ganz auf Testflüge zu verzichten und schon ab dem ersten Start mit der kommerziellen Nutzung zu beginnen. Bodentests der Komponenten, vor allem der leistungsoptimierten Triebwerke und besonders der Feststoff-Booster, mussten genügen, um die Raketen als flugtauglich zu qualifizieren. Die Projektverantwortlichen hofften, die Ariane 2 im März 1982, die Ariane 3 ein Jahr später zur Verfügung zu haben.

Doch schon ein Jahr später mussten die Kostenschätzung drastisch nach oben korrigiert werden. Hauptursache war das Unterschätzen der von den beteiligten Industrieunternehmen geforderten Gelder. Außerdem war eine weitere neue Bahnverfolgungsstation an der afrikanischen Elfenbeinküste zur Wunschliste dazugekommen. Wegen der Kostenexplosion meldeten einige ESA-Mitgliedsstaaten Vorbehalte gegen das Programm an. Die Verantwortlichen antworteten auf die Bedenken damit, dass sie den Umfang des Programms verkleinerten. Die neue Bahnverfolgungsstation und die Option zur Wiederverwendbarkeit der ersten Stufe wurden beispielsweise ersatzlos gestrichen. Einige finanzielle Puffer für unvorhergesehene Ausgaben wurden unter den Tisch fallen gelassen. Außerdem regte das Projektmanagement an, das Entwicklungsprogramm in vier Teile zu unterteilen. An jedem dieser Teile sollten sich die einzelnen Staaten auf freiwilliger Basis beteiligen können. Die Kosten für den ersten Teil wurden mit 70 MAU veranschlagt, in etwa der ursprünglichen Kostenschätzung für das gesamte Projekt entsprechend. Dieser Abschnitt sollte die Weiterentwicklung der Ariane 1 zur Steigerung der Nutzlastkapazität auf 2200 Kilogramm für den Geostationären Transferorbit umfassen. Der zweite Abschnitt beinhaltete die Erweiterung der Nutzlastverkleidung durch die Vergrößerung ihres Durchmessers für voluminösere Satelliten. Für den dritten und vierten Abschnitt sollten zwei Studien in Auftrag gegeben werden. Die eine sollte sich erneut mit dem wirtschaftlichen Nutzen und der Machbarkeit der Wiederverwendung der ersten Raketenstufe beschäftigen. Die zweite Studie hatte den möglichen Vorteil einer zusätzlichen Startanlage zum Gegenstand, mit deren Hilfe die Startfrequenz auf mindestens sechs Starts pro Jahr erhöht werden sollte. Dabei sollte diese Startplattform auch gleich für zukünftige Entwicklungen, das heißt noch größere Trägerraketen, vorbereitet sein.

Der neue überarbeitete Plan wurde von den ESA-Mitgliedsländern im März 1980 ausgiebig diskutiert. Schnell bestand Einigkeit darin, das Programm aufzuteilen. Auch die Freiwilligkeit der Teilnahme an einzelnen Abschnitten fand breite Zustimmung. Die Mitglieder ließen sich auch durch den Fehlstart der zweiten Ariane 1 am 23. Mai nicht beirren. Die Entscheidung, mit dem ersten Abschnitt zu beginnen, fiel am 26. Juni des selben Jahres. Eine Woche darauf hatten Belgien, Spanien, Frankreich, Italien, die Schweiz und die Bundesrepublik Deutschland ihre Beteiligung am Abschnitt 1 zugesagt.

Der zweite Abschnitt zur Erweiterung der Nutzlastverkleidung sah zwei Schritte vor. Im ersten Schritt sollte die bestehende Verkleidung derart modifiziert werden, dass unter Einsatz der SYLDA zwei große Satelliten in ihr Platz fanden. Anschließend sollte eine komplett neue Nutzlastverkleidung konstruiert werden, deren Außendurchmesser dann auf vier Meter vergrößert sein würde. Angenehmer Nebeneffekt des Ganzen war, dass die Nutzlasten in einem eigens zu diesem Zweck errichteten Gebäude montiert werden konnten. Anschließend sollten sie mitsamt der Verkleidung als eine Einheit auf der Rakete montiert werden können. Bei Mitnahme von zwei Nutzlasten würde der obere Satellit jetzt vom unteren Teil der Nutzlastverkleidung getragen werden. Das machte den Einsatz der SYLDA überflüssig und brachte eine deutliche Gewichtseinsparung. Die Kosten dieses Abschnitts wurden auf 11,4 MAU geschätzt.

Der vierte Teilabschnitt wurde im September 1980 mit der Schweiz als alleinigem Teilnehmer begonnen.

Der dritte Abschnitt wurde nie realisiert. Der Versuch, eine Startstufe aus dem Meer zu bergen, schlug am 2. März 1985 fehl. Beim Start einer Ariane 1 zum Flug V14, die die Sonde Giotto auf den Weg zum Halley´schen Kometen brachte, versagte das Fallschirmsystem der Startstufe. Sie wurde beim Aufprall auf die Meeresoberfläche zerstört. Wirtschaftliche Überlegungen ließen zudem erwarten, dass der mögliche ökonomische Nutzen den hohen technischen und operationellen Aufwand nicht lohnen würde. Das Vorhaben wurde somit wieder einmal zu den Akten gelegt.

Für die Studie zum Bau eines weiteren Startkomplexes fanden sich drei Interessenten. Sie erklärten sich im Oktober 1980 bereit an den Untersuchungen teil zu nehmen – dies waren Deutschland, Belgien und Frankreich. Schon während der laufenden Prüfung traten unwiderlegbare Argumente für eine solche Plattform zu Tage. Der Satellitenbetreiber INTELSAT war mit der ESA in Verhandlungen über den Start eines Kommunikationssatelliten der 4000 Kilogramm-Klasse getreten. Das machte eine noch stärkere Trägerrakete als die Ariane 3 erforderlich, da deren Kapazität für einen Satelliten dieser Größenordnung nicht ausreichend war. Die wiederum erforderte allerdings auch eine entsprechend große Startanlage. Die ESA nahm das zum Anlass und argumentierte weiter, dass eine zweite Startanlage ebenfalls noch einen anderen entscheidenden Vorteil bringen würde. Für den Fall, dass es bei einem missglückten Start zur Beschädigung oder gar Zerstörung einer der Startanlagen kommen würde, könnte der laufende Betrieb für die Dauer der notwendigen Reparatur mit der anderen aufrecht erhalten werden. Viele potenzielle Kunden waren nicht bereit, die Unwägbarkeiten von Startverschiebungen bei ihren Terminplanung hinzunehmen. Dem ESA-Mitbewerber NASA hatte in die Karten gespielt, dass für ihre beiden konkurrierenden Trägerraketen Delta und Atlas jeweils zwei solche Startanlagen zur Verfügung standen. Zu guter Letzt konnte eine zweite Startanlage hilfreich sein, die Startfrequenz zu erhöhen, was wiederum höhere Gewinne versprach. Im Juli 1981 begannen darauf die Arbeiten an der Einrichtung mit der Bezeichnung ELA 2 unter Beteiligung der Bundesrepublik Deutschland, Belgien, Dänemark, Spanien, Frankreich, der Schweiz und Italien. Geschätzten Baukosten: 100 MAU.

Startanlagen (Ensembles des Lancement Ariane, ELA)

Für die Starts der Raketen der Ariane-Familie wurden im Laufe der Zeit mehrere Startanlagen, die sogenannten Ensembles des Lancement Ariane, kurz ELA, gebaut.
Ursprünglich zunächst für den Start französischer Forschungsraketen gebaut, wurde die vorhandene Startanlage im Weltraumzentrum Kourou nach dem Umzug des Europa-Raketenprogramms von Woomera nach Kourou für die erste europäische Trägerrakete genutzt. Der einzige Start einer Europa 2 erfolgte von dort.
Danach wurde der Startkomplex für die Nutzung durch die Ariane 1-Trägerrakete umgebaut und erhielt die Bezeichnung ELA-1. Die Anlage bestand aus einem Startkontrollzentrum und dem Startbereich. Hier wurden die Raketen schon auf dem Starttisch zusammengebaut. Auch die Nutzlasten wurden an Ort und Stelle integriert. Während der Zeit der Startvorbereitungen wurde die Rakete von einem mobilen Serviceturm geschützt. Er wurde kurz vor dem Start zurückgefahren und gab die Rakete frei.
In den Jahren von 1979 bis 1989 starteten 25 Raketen der Typen Ariane 1, Ariane 2 und Ariane 3 von diesem Komplex aus in den Weltraum. Seit 2012 wird ELA-1 nach entsprechenden Anpassungen unter der neuen Bezeichnung ELV (Ensembles de Lancement Vega) für die leichte europäische Vega-Rakete genutzt.

ELA-2-Kontrollraum für die Starts der Raketen der Ariane 4-Familie. (ARIANESPACE)

Der ELA-1-Startkomplex im Vordergrund, ELA-2 dahinter. (ESA)

Eine Ariane 3 (V17) wird zum ersten Start vom Startkomplex ELA-2 in Position gebracht. Der Start erfolgte am 28. März 1986. (ESA)

Der für die größeren Trägerraketen der Ariane 4-Familie benutzte Startkomplex ELA-2 ging 1986 in Betrieb. ELA-2 bestand aus zwei Zonen. In der Vorbereitungszone wurden die Raketen zusammengebaut und die Nutzlasten integriert. Anschließend wurde die fertige Rakete mitsamt Starttisch in die Startzone gefahren, wo dann der Start durchgeführt wurde. Dadurch, dass in der Zeit der Startvorbereitungen bereits die nächste Trägerrakete in der Vorbereitungszone zusammengebaut werden konnte, wurde eine hohe Taktung von bis zu 11 Starts pro Jahr möglich. Bis 2003 brachten 116 der verschiedenen Ariane 4-Varianten Nutzlasten von insgesamt mehr als 400 Tonnen Gewicht von hier aus in den Weltraum. Außerdem starteten zwei Ariane 3 und eine Ariane 2 von ELA-2.

Im September 2011 wurde mit der Demontage der Startanlage begonnen. Nur einige Gebäude der Vorbereitungszone blieben erhalten.

Sprengung der ELA-2-Startanlage im September 2011. (Arianespace)

ELA-3: Eine Ariane 5G auf der Startplattform umgeben von vier einhundert Meter hohen Blitzableiter-Masten. (ESA/CNES/Arianespace - S. Corvaja)

1996 wurde für die verschiedenen Typen der Ariane 5 die 15 Quadratkilometer große Startanlage ELA-3 in Betrieb genommen. Neben der bekannten Aufteilung in Vorbereitungs- und Startzone umfasst die ELA-3 noch eine Anlage zur Produktion des in den Feststoffboostern eingesetzten Treibstoffs.

Jedes Jahr starten sechs bis sieben Ariane 5 von der ELA-3 aus in den Weltraum. Auf Grund der durchdachten Anordnung von Integrationseinrichtungen und Startanlagen sind nur 20 Arbeitstage vom Beginn des Zusammenbaus bis zum Start der Rakete ausreichend. Im Dezember 2014 fiel die Entscheidung für die neueste Generation der Ariane 6 einen weiteren Startkomplex, ELA-4, zu bauen. Das endgültige Aussehen der Anlage, deren Kosten mit 600 Millionen Euro beziffert wird, wird im Laufe des Jahres 2015 festgelegt werden.

Flammenkanal des Ariane 5-Startkomplexes ELA-3. (ESA – S. Corvaja)

Das Gebäude, in dem die Nutzlasten auf ihre Integration mit der Trägerrakete vorbereitet werden. Es ist Bestandteil des Startkomplexes ELA-3. (ESA/CNES/Arianespace - S. Corvaja)

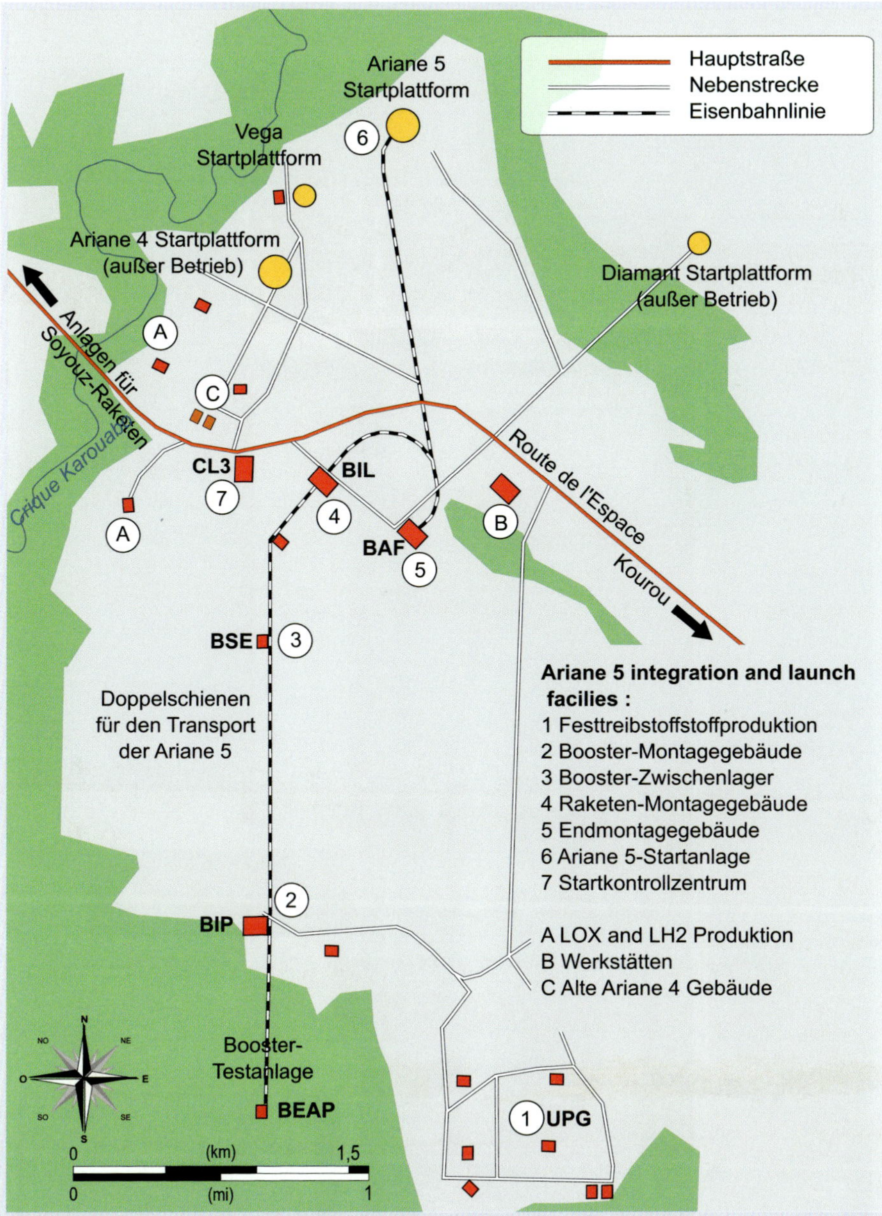

Ariane 5 Integrations- und Startanlagen.

Eine Ariane 5G im Gebäude für die Endmontage. Die Tore des 90 Meter empor ragenden Gebäudes sind bereits geöffnet, der Transport der Rakete zum Startplatz steht kurz bevor. (ESA/CNES/Arianespace - S. Corvaja)

Eine Ariane 5ECA auf der mobilen Plattform auf der Startanlage ELA-3. Durch die Rohre im Vordergrund werden vor und nach dem Abheben der Rakete 1500 Kubikmeter Wasser auf die Plattform geleitet, um die Schäden durch die heißen Abgase zu verringern und Schallwellen zu unterdrücken. (ESA - S. Corvaja)

Panoramaaufnahme des ELA-3-Startkomplexes auf dem CSG in Kourou. (ESA/CNES/Arianespace - S. Corvaja)

Die Entwicklungsarbeiten an der neuen Ariane 2 und Ariane 3 liefen bereits 1980 an. Neun Länder teilten sich die die Arbeit und die Kosten. Größter Geldgeber war wieder einmal Frankreich, das 63,9 Prozent der Kosten übernahm. Dann folgten die Bundesrepublik Deutschland (20,1 Prozent) und Belgien (zwei Prozent). Kleinere Anteile übernahmen Dänemark (0,5 Prozent), Schweden (1,1 Prozent), die Schweiz (1,2 Prozent), die Niederlande und Spanien (jeweils zwei Prozent), sowie Großbritannien (2,5 Prozent).

Die für die Entwicklung und Herstellung der Hauptkomponenten zuständigen Firmen und deren Herkunftsland:

Hersteller	Herkunftsland	zuständig für
Aerospatiale (Hauptauftragnehmer)	Frankreich	erste und zweite Stufe; Pyrotechnic; SYLDA
Air Liquide	Frankreich	Tank der dritten Stufe
Contraves	Schweiz	Nutzlastverkleidung
Matra	Frankreich	Vehicle Equipment Bay
MBB-ERNO	BRD	zweite Stufe
SEP	Frankreich	Hauptauftragnehmer für Antriebssystem der ersten, zweiten und dritten Stufe
SNIA BPD	Italien	Feststoff-Booster

Die Ariane 3 startet am 4. April 1984 zu ihrem Jungfernflug. (ESA/CNES/Arianespace - Service Optique)

Der erste Start einer Ariane der neuen Generation erfolgte vier Jahre später am 4. April 1984 und war interessanterweise einer Ariane 3 vorbehalten, die damit eher zum Einsatz kam als ihre »kleine« Schwester Ariane 2. Die ESA wollte Geld und Zeit sparen und setzte auf volles Risiko. Gleich beim ersten Versuch, dem zehnten Start des gesamten Ariane-Programms, waren bereits zwei kommerzielle Satelliten in der Nutzlastverkleidung verborgen. Der Start klappte, die Rake-

te setzte ihre beiden Passagiere ohne Probleme im Weltraum aus. Drei weitere Ariane 3- und ein Ariane 1-Start (Flüge V11V14) 1 folgten. Dann scheiterte am 12. September 1985 mit Flug V15 erstmals eine Ariane 3-Mission. Die Zündung der dritten Stufe misslang, zwei kommerziellen Satelliten, SPACENET 3 und ECS 3, gingen verloren. Die Sache war deshalb besonders peinlich für ESA, CNES und Arianespace, weil sich das Unglück unter den kritischen Augen des französischen Präsidenten Francois Mitterand ereignete. Und der war verständlicherweise nicht gerade erfreut. Die nächsten beiden Flüge waren wieder erfolgreich.

Am 31. Mai des nächsten Jahres hob endlich auch die erste Exemplar des Typs Ariane 2 (Flug V17) vom Startplatz in Kourou ab. Doch diesmal war dem Jungfernflug kein Glück beschieden. Wieder lag die Ursache des Versagens in der drit-

Eine Ariane 3 auf dem Weg in den Weltraum. (ESA/CNES)

ten Stufe, deren Zündmechanismus sich als fehleranfällig erwies. Mehrere Verbesserungen zeigten anschließend Wirkung. Bei neun weiteren Flügen von Ariane 2 und Ariane 3 gab es keine gravierenden Probleme. Alle verliefen erfolgreich, bevor am 12. Juli 1989 eine letzte Ariane 3 (Flug V32) diese Serie beendete.

Sechs Ariane 2-Starts und elf Ariane 3-Starts waren durchgeführt worden, wovon jeweils einer gescheitert war. Damit hatte die Ariane 2 eine Zuverlässigkeit von 83,3 Prozent, die Ariane 3 von 90,9 Prozent erreicht. Insgesamt waren 24 Satelliten erfolgreich ins All transportiert worden, fünf von ihnen durch die Ariane 2, die anderen 19 durch die Ariane 3. Bei den beiden Fehlstarts gingen drei Satelliten zahlender Kunden verloren.

DIE ARIANE 4-FAMILIE

Schon im Jahr 1981 – die ersten zwei Ariane 1-Starts, einer erfolgreich, einer gescheitert, waren gerade eben erst erfolgt – stellte die ESA erste Untersuchungen an, um die Anforderungen an eine leistungsfähige Trägerrakete ab Mitte der 1980er-Jahre zu definieren. Auch die Randbedingungen, die solch eine Rakete zu einem wirtschaftlichen Erfolg machen würden, wurden beleuchtet.

Große Bedeutung kam dem schnell wachsenden Markt der Telekommunikationssatelliten zu. Es war abzusehen, dass sie in Zukunft immer leistungsfähiger und damit gleichzeitig größer und schwerer werden würden. Der auf diesem Sektor marktführende Satellitenbetreiber INTELSAT hatte sich schon bereit erklärt, seine zukünftigen Satelliten so zu planen, dass sie mit einer größeren, leistungsfähigeren Ariane gestartet werden könnten. Damit wollte sich INTELSAT nicht zuletzt unabhängiger vom amerikanischen Space Shuttle machen.

INTELSAT hatte Vor- und Nachteile von Ariane und Space Shuttle einander gegenüber gestellt. Dabei hatte sich gezeigt, dass das Shuttle zwar eine höhere Nutzlastkapazität hatte und auch die Möglichkeit besaß, voluminösere Lasten zu transportieren als die europäische Rakete. Dafür war es allerdings auf niedrige Erdumlaufbahnen beschränkt. Das machte es bei einem Shuttle-Start nötig, eine zusätzliche Antriebsstufe mitzuführen, um eine Nutzlast in den geostationären Erdorbit zu bringen. Außerdem mussten die Kontroll- und Steuereinrichtungen der mitgeführten Satelliten während des ganzen Fluges bis zu deren Aussetzen aus Sicherheitsgründen mit dem Orbiter verbunden bleiben, um der menschlichen Besatzung notfalls ein Eingreifen zu ermöglichen. Bei der Ariane konnten die Verbindungen beim Start einfach gekappt werden.

Die Antriebseinheiten und die pyrotechnischen Systeme der Satelliten erfüllten zum Zeitpunkt der Studie zwar bereits alle Sicherheitsanforderungen für Starts mit Trägerraketen. Die wesentlich schärferen Sicherheitsmaßstäbe, die beim bemannte Shuttle angelegt wurden, wie z.B. Schutz vor unbeabsichtigten Feuern der Antriebssysteme, unvorhergesehenem Entfalten von Antennen und Solarzellenpaneelen und vorzeitiger Trennung der Nutzlast vom Orbiter, erforderten hingegen zusätzliche aufwändige und anspruchsvolle Sicherungsmaßnahmen. Schätzungen ergaben, dass ein Einzelstart eines INTELSAT-Telekommunikationssatelliten mit einer Ariane deshalb kostengünstiger sein würde, als der Start mit dem US-Shuttle.

Gerade der letzte Punkt war natürlich sehr spekulativ. Die ESA-Verantwortlichen waren sich der Tatsache bewusst, dass eine Verzögerung oder gar ein – wenn auch nur vorläufiger – Stopp der Weiterentwicklung der Ariane-Raketen, mit einiger Wahrscheinlichkeit deren wirtschaftliches Aus zur Folge hätte.

Da inzwischen alle internationalen Ausschreibungen von Satellitenbetreibern an Herstellerfirmen auch die Forderung beinhaltete, dass ihre Produkte auch mit Ariane-Raketen kompatibel sein müssten, war die Ariane endgültig auf dem internationalen Markt der kommerziellen Trägerraketen angekommen. Die Weiterentwicklung des Programms schien also durchaus wirtschaftlich gewinnversprechend.

Um jedoch wettbewerbsfähig zu bleiben, war es notwendig, die Nutzlastkapazität der nächsten Ariane-Generation weiter zu erhöhen. Die INTELSAT-Satelliten der nächsten Generation würden typischerweise zwischen 3000 kg und 4000 Kilogramm wiegen und Durchmesser bis zu 3,6 Meter haben. Um auch für noch schwerere Nutzlasten vorbereitet zu sein, sollte die Ariane der nächsten Generation daher für Lasten bis zu 4300 Kilogramm für den Geotransfer-Orbit projektiert werden. Eine wichtige Anforderung an die

Entwicklungsingenieure besagte, dass für die neue Rakete, die konsequenterweise Ariane 4 getauft wurde, so weit wie möglich auf bewährte Technik der Ariane 2 und Ariane 3 zurückgegriffen werde.

Die für die Entwicklung aufzuwendenden Kosten wurden in ersten Schätzungen auf 225 MAU beziffert. Am 28. Oktober 1981 wurde auf einer ESA-Versammlung der Antrag angenommen, so schnell wie möglich die für das Projekt relevanten rechtlichen und finanziellen Fragen zu klären und eine Entscheidung über die Realisierung vorzubereiten.

Nur eine Woche später wurden auf einer Sitzung des Ariane-Programm-Ausschusses einige Änderungen am Pflichtenheft für die neue Trägerrakete vorgenommen. In deren Folge konnten die geschätzten Entwicklungskosten auf 207 MAU reduziert werden. Um den Entscheidungsprozess zugunsten der Ariane 4 zu beschleunigen, erklärte sich Frankreich bereit, notfalls bis zu 80 Prozent der Entwicklungskosten allein zu tragen, für den Fall, dass sich nicht genug andere Geldgeberländer beteiligen würden. Das war dann allerdings nicht notwendig. Es fanden sich genug Partner, die zusammen etwa 50 Prozent der Kosten zu übernehmen bereit waren. Im Einzelnen stellte sich die Kostenverteilung Anfang des Jahres 1982 wie Folgt dar:

Land	Anteil
Belgien	2.80 %
BRD	20,79 %
Dänemark	0,15 %
Frankreich	52,90 %
Großbritannien	3,55 %
Irland	0,04 %
Italien	7,75 %
Niederlande	2,00 %
Spanien	2,50 %
Schweden	1,39 %
Schweiz	1,60 %

Auf Basis dieser Zahlen wurde im Januar 1982 die Vereinbarung zum Bau der Ariane 4 endgültig vom ESA-Rat beschlossen.

Um die neue Trägerrakete möglichst flexibel einsetzbar werden zu lassen, bot es sich an, die Rakete in einer Art Baukastensystem in weitem Rahmen an unterschiedliche Kundenanforderungen anpassbar zu bauen. Auf diese Art und Weise sollten Nutzlasten zwischen 2000 Kilogramm und 4300 Kilogramm zum jeweils günstigsten Preis in den GTO gestartet werden können.

Hauptproblem bei der Konstruktion der Ariane 4 war die Notwendigkeit, einen signifikant höheren Startschub als bei ihren Vorgängerinnen zu erzeugen. Der erste Ansatz, der Startstufe mit einem zusätzlichen fünften Triebwerk zu mehr Leistung zu verhelfen, wurde schnell wieder verworfen. Dies hätte nämlich eine große Veränderung der ersten Stufe verlangt und das war mit den gekürzten Finanzmitteln und der Forderung, weitgehend auf vorhandener Technik aufzubauen, nicht vereinbar.

Stattdessen wurde die erste Stufe der Ariane 3 als Basis übernommen, verlängert und Tanks mit größerem Fassungsvermögen eingebaut. Die größeren Tanks konnten bis zu 227 Tonnen Hydrazin und Stickstofftetroxid aufnehmen, gegenüber 145 Tonnen bei der Ariane 3. Durch diese Maßnahme verlängerte sich auch die maximale Brenndauer der als L220 bezeichneten Startstufe. Die vier Viking 5C-Triebwerke, Weiterentwicklung der Viking 5-Einheiten, arbeiteten bis zu 209 Sekunden lang mit jeweils 680 kN Tonnen Schub. Die zur Steuerung beweglichen Abgasdüsen wiesen 3,8 Grad nach außen. Durch die Veränderungen wurde die 3,8 Meter durchmessende erste Stufe 28,39 lang, einschließlich eines 3,31 Meter langen Verbindungsadapters zur zweiten Stufe L33.

Diese zweite und die dritte Stufe der Ariane 3 wurden mit nur geringfügigen Veränderungen für die Ariane 4 übernommen. Die zweite Stufe L33 war 12,2 Meter lang und 2,6 Meter im Durchmesser. Sie wog im betankten Zustand 39,6 Tonnen

Die fertig zusammengebaute 2. Stufe einer Ariane 4 wird aufgerichtet. (ESA/CNES/Arianespace - Service Optique)

und ihr einzelnes Viking 4B-Triebwerk lieferte 800 kN für maximal 135 Sekunden. Auch sie wurde mit Hydrazin und Stickstofftetroxid angetrieben. Die Oberstufe H10 verwendete die kryogenen Treibstoffe flüssigen Sauerstoff und Wasserstoff. Das Triebwerk des Typs HM7B konnte bis zu 780 Sekunden lang 64 kN Schub entwickeln. Die Stufe wog mit gefüllten Tanks 13 Tonnen und maß 11,1 Meter in der Länge und 2,6 Meter im Durchmesser. Die Rakete hatte damit eine Gesamtlänge von 57,8 Metern, dazu kam noch die jeweilige Nutzlastverkleidung.

Um die geforderte größtmögliche Flexibilität beim Transport von in Größe und Gewicht unterschiedlichen Nutzlasten zu erreichen, ersannen die Ingenieure ein ebenso einfaches wie effektives System. Durch Hinzufügen von zwei oder vier Booster-Raketen, konnte die Leistungsfähigkeit einer Ariane 4 individuell an die Erfordernisse des jeweiligen Satellitentransport angepasst werden. Es standen zwei verschiedene Typen von Boostern zur Auswahl: Feststoffbooster, symbolisiert durch den Buchstaben »P« (»Poudre«, dt.: Pulver) oder Booster mit flüssigem Treibstoff, symbolisiert durch »L« (»Liquide«, dt.: Flüssigkeit). Damit war es möglich, sechs verschiedene Konfigurationen der Ariane 4 zu unterscheiden:

	Anzahl: Feststoffbooster	Anzahl: Flüssigkeitsbooster	zusätzlicher Startschub
Ariane 40	0	0	0
Ariane 42P	2	0	1300 kN
Ariane 44P	4	0	2600 kN
Ariane 42L	0	2	1356 kN
Ariane 44L	0	4	2712 kN
Ariane 44LP	2	2	2656 kN

Der Zweck der Zusatztriebwerke lag einzig und allein darin, der Rakete unmittelbar nach dem Abheben zusätzlichen Schub zu verleihen, damit sie die dichten Atmosphäreschichten schnell hinter sich lassen konnte, wodurch der Luftwiderstand schnell geringer wurde. Der zusätzliche Schub erlaubt außerdem ein höheres Gewicht von Rakete und Nutzlast, so dass gegebenenfalls mehr Treibstoff in den Tanks der ersten Stufe mitgeführt werden konnte.

Die Feststoffbooster wurden von der Ariane 3 übernommen, aber für den neuen Einsatzzweck verlängert. Sie waren 12,2 Meter lang und hatten einen Durchmesser von 1,1 Metern. Ihr Gewicht betrug pro Einheit 12,6 Tonnen, davon 9,5 Tonnen Treibstoff. Sie wurden erst 4,2 Sekunden nach dem Abheben gezündet. Dadurch wurde eine Beschädigung des Starttisches durch den extrem heißen Abgasstrahl verhindert. Die Feststoffbooster produzierten 34 Sekunden lang 650 kN Schub und blieben nach dem Ausbrennen noch 30 weitere Sekunden mit der Rakete verbunden. Dann wurden sie über unbewohntem Gebiet durch vorgespannte Federn von der Rakete abgestoßen und stürzten antriebslos ins Meer.

Die Flüssigtreibstoffbooster waren pro Einheit 19 Meter lang und hatten 2,2 Meter Durchmesser. Sie basierten auf der Technik der ersten und zweiten Stufe und verwendeten ein Viking 6-Triebwerk, dessen Triebwerksdüse in einem Winkel von zehn Grad nach außen wies. Jeder Booster wog leer 4,4 Tonnen und konnte mit bis zu 40 Tonnen Hydrazin und Stickstofftetroxid befüllt werden. Sie lieferten 678 kN zusätzlichen Startschub. Sie zündeten 3,4 Sekunden vor dem Abheben der Rakete und arbeiteten 143 Sekunden lang. Nach dem Ausbrennen wurden sie in etwa 40 Kilometer Höhe abgeworfen, bewegten sich durch sechs eigene kleine Feststofftriebwerke von der Rakete weg und stürzten in den Atlantik.

Die Steuerungseinrichtungen der Ariane 4 waren in der sogenannten Vehicle Equipment Bay (VEB, dt.: Fahrzeug-Geräte-Einheit) verbaut. Für Entwicklung und Produktion zeichnete die französisch-britische Firma Matra-Marconi-Space verantwortlich.

Die aus einer Aluminiumlegierung in Honigwabenbauweise gefertigte VEB war auf der dritten Raketenstufe montiert und hatte die Gestalt eines sich nach oben verjüngenden Kegelstumpfes mit einem Basisdurchmesser von 4 Metern. Bei der Ariane 4 wurde die VEB von der Nutzlasthülle mit umschlossen. Bei geöffneter Nutzlastverkleidung waren ihre technischen Einrichtungen servicefreundlich durch zwölf Öffnungen in der Außenhülle erreichbar. Neben dem für die Steuerung der Rakete zuständigen Computer waren lasergestütze Kreisel für Navigation und Lagesteuerung der Trägerrakete, sowie Telemetriesender und -empfänger in der VEB integriert. Erstmals in der Geschichte der verschiedenen Ariane-Modelle arbeiteten die Systeme voll digital, im Gegensatz zu den bisher verwendeten gemischt analog-digitalen Systemen bei der Ariane 1 bis Ariane 3. Die Stromversorgung der VEB wurde durch drei Batterien sichergestellt.

Neben der Ablaufsteuerung kam der VEB noch eine weitere wichtige Aufgabe zu. Mit ihrer Hilfe

ARIANE 40

ARIANE 42P

ARIANE 44P

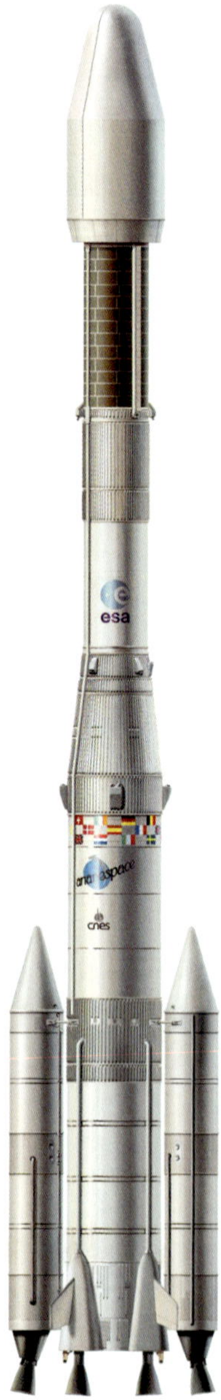

ARIANE 42L

Vergleich der Ariane 4-Familie mit einer Ariane 5G. (ESA – D. Ducros)

Eine Ariane 44L startet mit dem Kommunikationssatellit INTELSAT 905 an Bord in den GTO (V152). Die vier Flüssigtreibstoffbooster haben 3,4 Sekunden nach dem Abheben gezündet. (ESA/CNES/Arianespace - Service Optique)

wurde die Rakete nach Erreichen der Erdumlaufbahn in die für das Aussetzen der Nutzlasten geeigneten Fluglage ausgerichtet. Wenn nötig wurde die Oberstufe auch in Drehung versetzt, wenn dies bei spinstabiliserte Satelliten erforderlich war. Zu diesem Zweck dienten kleine Steuertriebwerke an der Außenhülle der VEB, die aus einem eigenen kleinen Hydrazintank gespeist wurden.

Für den nie ganz auszuschließenden Fall, dass die Trägerrakete während des Aufstiegs außer Kontrolle geriet, beherbergte sie schließlich auch noch die Vorrichtung für die Selbstzerstörung.

Die beiden zu transportierenden Satelliten wurde mit dem sogenannten SPELDA-Adapter (»Structure Porteuse Externe pour Lancements Doubles Ariane«, dt.: Externe Doppelträgerstruktur für Ariane-Doppelstarts) auf der Rakete montiert. Zwei Varianten der von der deutschen DASA (Deutsche Aerospace Aktiengesellschaft) gefertigten SPELDA standen zur Auswahl.

Tabelle 6 - Die Versionen der Ariane 4.

Ariane 3	Ariane 40	Ariane 42P	Ariane 44P	Ariane 42L	Ariane 44LP	Ariane 44L
Entwicklungszeitraum	1982-1988	1982-1988	1982-1988	1982-1988	1982-1988	1982-1988
Höhe	55,6 m	55,9 m	56,9 m	55,6 m	58,4 m	58,7 m
Durchmesser	3,8 m	3,8 m	3,8 m	3,8 m	3,8 m	3,8 m
Startmasse	245 t	323 t	357 t	367 t	420 t	484 t
Startschub	2720 kN	3944 kN	5140 kN	4600 kN	5270 kN	5395 kN
Max. LEO-Nutzlast	4600 kg	6000 kg	6500 kg	7000 kg	8000 kg	10.200 kg
Max. GTO-Nutzlast	2290 kg	2990 kg	3390 kg	3590 kg	4170 kg	4950 kg
Stufen	3	3	3	3	3	3
Booster	0	2 PAP	4 PAP	2 PAL	2 PAP, 2 PAL	4 PAL
Erster Start	22.01.1990	20.11.1990	04.04.1991	12.03.1993	15.06.1988	05.06.1989
Letzter Start	03.12.1999	04.05.2002	25.09.2001	23.01.2002	27.11.2001	15.02.2003
Flüge	7	15	15	13	26	40
Fehlstarts	0	1	0	0	1	1
Zuverlässigkeit	100 %	93,3 %	100 %	100 %	96,2 %	97,5 %

	1. Stufe: L220	2. Stufe: L33	3. Stufe: H10	PAP	PAL
Länge	25,1 m	12,2 m	11,1 m	12,2 m	19 m
Durchmesser	3,8 m	2,6 m	2,6 m	1,1 m	2,2 m
Startmasse	190 t	39,6 t	13 t	12,6 t	43,8 t
Triebwerk(e)	4 x Viking 5C	1 x Viking 4B	1 x HM7B	1	1 x Viking 6
Schub	2720 kN	800 kN	64 kN	650 kN	678 kN
Brenndauer	150 s	135 s	780 s	34 s	143 s
Treibstoff(e)	Hydrazin, NTO	Hydrazin, NTO	LOX, LH2	APCP	Hydrazin, NTO

Die VEB wird im Montagegebäude an einer Ariane 44L emporgezogen und anschließend oberhalb der 3. Stufe montiert. (ESA/CNES/Arianespace - Service Optique)

Jede SPELDA bestand aus zwei an der VEB der Rakete befestigten Teilen. Der zylindrische untere Teil war an seiner Basis vier Meter im Durchmesser und zwei Meter hoch. Er beherbergte die eine der beiden Nutzlasten. Nach oben abgeschlossen wurde der Zylinder durch eine entweder 0,8 Meter oder 1,8 Meter hohe, sich auf 1,9 Meter verjüngende Tragevorrichtung, auf der die zweite Nutzlast montiert war.

Die Nutzlastverkleidung wurde mit dem unteren Ende der Spelda verbunden. Da sich die Verkleidung nach oben verjüngte, wurde das im unte-

Eine Ariane 44LP (V131) steht auf dem Starttisch. Deutlich sind die unterschiedlich großen Feststoff- und Flüssigtreibstoffbooster zu erkennen. (ESA/CNES/Arianespace - Service Optique)

Der japanische Kommunikationssatellit JCSAT 8 montiert auf einer SPELDA-Doppelstartvorrichtung, in deren Inneren sich bereits der europäische ASTRA 3A befindet. Im Hintergrund ist eine Hälfte der Nutzlastverkleidung zu erkennen. Beide Satelliten wurden am 28. März 2002 erfolgreich von einer Ariane 44L (V149) in den Geostationären Transferorbit gebracht. (ESA/CNES/Arianespace - Service Optique)

ren Teil verfügbare größere Volumen naturgemäß für die größere der beiden Nutzlasten, der obere Teil für die kleiner Nutzlast genutzt.

Die für den Doppelstart benötigte Nutzlastverkleidung in Honigwabenbauweise aus einer Aluminiumlegierung wurde entsprechend voluminös ausgelegt. Es standen zwei verschiedene Größen zur Wahl. Beide hatten vier Meter Durchmesser und unterschieden sich lediglich in ihrer Höhe. Die kleinere von beiden war 8,6 Meter hoch und hatte 60 Kubikmeter Fassungsvermögen, die größere war 9,6 Meter hoch und hatte 70 Kubikmeter Rauminhalt. Bei nominellem Verlauf des Starts wurde die Nutzlastverkleidung in ungefähr 100 Kilometer Höhe abgeworfen, wenn die nur noch sehr dünne Restatmosphäre den Satelliten trotz der hohen Geschwindigkeit nichts mehr anhaben konnte. Dazu wurde zunächst das Band an der Basis, das die Teile Verkleidung zusammenhielt, aufgetrennt. Anschließend drückten Stempel die Hälften auseinander, die Nutzlast lag frei.

Das Aussetzen der Satelliten in der Umlaufbahn folgte einem ganz bestimmten Schema: Zunächst wurde der obere Satellit ausgesetzt. Die Oberstufe der Ariane drehte sich danach vom Satelliten weg und der Verschlussdeckel die SPELDA wurde abgesprengt. Dann richtete sich die Stufe wieder aus und die zweite Nutzlast wurde freigesetzt. Zu guter Letzt bremste die Oberstufe mittels der Steuerraketen der VEB ab. Dadurch wurde einerseits der Zusammenprall mit den ausgesetzten Nutzlasten verhindert und andererseits die Geschwindigkeit so verringert, dass die Stufe in die Erdatmosphäre eintrat und verglühte. Damit konnte sie anderen Raumflugkörpern nicht mehr gefährlich werden.

Die für die Entwicklung und Herstellung der Hauptkomponenten zuständigen Firmen und deren Herkunftsland:

Hersteller	Herkunftsland	zuständig für
Aerospatiale (Hauptauftragnehmer)	Frankreich	erste und zweite Stufe; Pyrotechnic; SYLDA
Air Liquide	Frankreich	Tank der dritten Stufe
British Aerospace	Großbritannien	SPELDA
Contraves	Schweiz	Nutzlastverkleidung
Matra	Frankreich	Vehicle Equipment Bay
MBB-ERNO	BRD	zweite Stufe; Flüssiggtreibstoff-Booster
SEP	Frankreich	Antriebssystem der ersten, zweiten und dritten Stufe; Antriebssystem der Flüssiggtreibstoff-Booster
SNIA BPD	Italien	Feststoff-Booster

Wie bei jedem Projekt dieser Größenordnung stiegen die Kosten mit dem Fortschritt der Entwicklungsarbeiten. Die Teilnehmerländer wurden aufgefordert, eine neue Abschätzung von aktuell 376 MAU zu genehmigen. Zwei wesentliche Gründe wurden für die Kostenexplosion angeführt: Da waren einerseits unvorhergesehene Probleme bei den immer noch in Entwicklung befindlichen Vorgängermodellen, auf deren Grundlage die Ariane 4 entstehen sollte. Der zweite ähnlich große Anteil war Problemen bei der Ariane 4-spezifischen Entwicklung geschuldet.

Durch die große technologische Nähe der Ariane 4 zu ihren Vorgängermodellen war deren Entwicklungsfortschritt natürlich eng mit den Arbeiten an der Ariane 2 und Ariane 3 verknüpft. Aus diesem Grund verursachte das Versagen einer Ariane 3 beim Start am 12. September 1985 (Flug V15) und einer Ariane 2 am 30. Mai 1986 (Flug V18) auch Verzögerungen bei der Entwicklung der Ariane 4, da zuerst

Eine Ariane 42L (V129) mit zwei Flüssigtreibstoffboostern transportiert am 18. April 2000 den Kommunikationssatelliten GALAXY 4R mit einem Nachtstart in den GTO. (ESA/CNES/Arianespace - Service Optique)

Eine Ariane 42P wird für den Start (V119) von der ELA-2 aus vorbereitet. Sie brachte am 4. September 1999 den südkoreanischen KOREASAT 3 in den Weltraum. (ESA/CNES/Arianespace - Service Optique)

die Ursachen der beiden Fehlstarts gefunden werden mussten. Dem gegenüber stand der Vorteil, dass die Lehren der Abstürze dieser beiden Raketen unmittelbar in die Entwicklung der Ariane 4 einfließen konnten.

Der erste Start einer Ariane 4 (Flug V22) fand am 15. Juni 1988 statt. Die Rakete, ausgestattet mit zwei zusätzlichen Feststoff- und zwei weiteren Flüssigtreibstoff-Boostern, also eine Ariane 44LP, transportierte drei Satelliten in den Orbit. Schon acht Monate später waren die Auftragsbücher von Arianespace so gut gefüllt, dass die Firma eine Serie von 50 Trägerraketen des Typs Ariane 4 in Auftrag gab.

	Zusatzbooster	1. Stufe	2. Stufe	3. Stufe	GTONutzlast
Ariane 40 H10	---	L220, 4xViking 5C	L33, 1xViking 4B	H10, 1xHM-7B	1900 kg
Ariane 40 H10+	---	L220, 4xViking 5C	L33, 1xViking 4B	H10+, 1xHM-7B	202 kg
Ariane 40 H103	---	L220, 4xViking 5C	L33, 1xViking 4B	H10-3, 1xHM7B	2105 kg
Ariane 42P H10	2xPAP	L220, 4xViking 5C	L33, 1xViking 4B	H10, 1xHM-7B	2600 kg
Ariane 42P H10+	2xPAP	L220, 4xViking 5C	L33, 1xViking 4B	H10+, 1xHM-7B	2740 kg
Ariane 42P H103	2xPAP	L220, 4xViking 5C	L33, 1xViking 4B	H10-3, 1xHM7B	2930 kg
Ariane 44P H10	4xPAP	L220, 4xViking 5C	L33, 1xViking 4B	H10, 1xHM-7B	300 kg
Ariane 44P H10+	4xPAP	L220, 4xViking 5C	L33, 1xViking 4B	H10+, 1xHM-7B	3290 kg
Ariane 44P H103	4xPAP	L220, 4xViking 5C	L33, 1xViking 4B	H10-3, 1xHM7B	3465 kg
Ariane 42L H10	2xPAL, 1xViking 6	L220, 4xViking 5C	L33, 1xViking 4B	H10, 1xHM-7B	3200 kg
Ariane 42L H10+	2xPAL, 1xViking 6	L220, 4xViking 5C	L33, 1xViking 4B	H10+, 1xHM-7B	3350 kg
Ariane 42L H103	2xPAL, 1xViking 6	L220, 4xViking 5C	L33, 1xViking 4B	H10-3, 1xHM7B	3480 kg
Ariane 44L H10	4xPAL, 1xViking 6	L220, 4xViking 5C	L33, 1xViking 4B	H10, 1xHM-7B	4200 kg
Ariane 44L H10+	4xPAL, 1xViking 6	L220, 4xViking 5C	L33, 1xViking 4B	H10+, 1xHM-7B	4460 kg
Ariane 44L H103	4xPAL, 1xViking 6	L220, 4xViking 5C	L33, 1xViking 4B	H10-3, 1xHM7B	4720 kg
Ariane 44LP H10	2xPAP, 2xPAL, 1xViking 6,	L220, 4xViking 5C	L33, 1xViking 4B	H10, 1xHM-7B	3700 kg
Ariane 44LP H10+	2xPAP, 2xPAL, 1xViking 6	L220, 4xViking 5C	L33, 1xViking 4B	H10+, 1xHM-7B	4030 kg
Ariane 44LP H103	2xPAP, 2xPAL, 1xViking 6	L220, 4xViking 5C	L33, 1xViking 4B	H10-3, 1xHM7B	4220 kg

Während eine Ariane 4 nach der anderen vom Startgelände abhob, wurden laufend Verbesserungen an der Rakete vorgenommen, entweder um deren Leistungsfähigkeit oder ihre Zuverlässigkeit zu steigern. Besonders effektiv war die Weiterentwicklung der dritten Stufe. Im Verlauf der Nutzungsdauer der Ariane 4 gelang es, ihre Leistungsfähigkeit durch zwei weiterentwickelte Versionen

Eine Ariane 40 (V124) ist eben gestartet. (ESA/CNES/Arianespace - Service Optique)

Ungefähr sechs Stunden vor dem Start wird der Serviceturm von der startbereiten Ariane 4 weggefahren. (ESA/CNES/Arianespace - Service Optique)

Eine Ariane 44P hebt mit Unterstützung durch ihre 4 Festsoffbooster zum Flug V144 ab. Die Nutzlast bei diesem Flug am 25. September 2001 ist der europäische Kommunikationssatellit ATLANTIC BIRD 2. (ESA/CNES/Arianespace - Service Optique)

zu verbessern. Am 15. April 1992 kam bei Flug V50 erstmals eine modifizierte, jetzt mit einem vergrößerten Tank ausgestattete H10+-Oberstufe zum Einsatz. Durch ihren größeren Tankinhalt verlängerte sich die Arbeitsdauer des Triebwerks um 20 Sekunden, die Nutzlastkapazität erhöhte sich um 110 Kilogramm.

Durch einen noch einmal vergrößerten Tank und der damit verbundenen längeren Brenndauer des ebenfalls optimierten HM7-Triebwerks gelang es, die Nutzlastkapazität ein weiteres Mal um 100 Kilogramm zu steigern. Diese als H103 bezeichnete Oberstufe erlebte ihren ersten Einsatz am 1. Dezember 1994 bei Flug V70.

Im Zeitraum von Juni 1988 bis Februar 2003 starteten insgesamt 116 Raketen der verschiedenen Ariane 4-Typen von Kourou aus in Richtung Weltraum. Dabei wurden 186 Satelliten transportiert. Von den 116 Startversuchen endeten nur drei nicht erfolgreich.

Bei Flug V36 am 22. Februar 1990 kam es bereits sechs Sekunden nach dem Abheben zum Schubverlust eines der Triebwerke der ersten Stufe. Die Rakete begann zu kippen, der heiße Abgasstrahl traf auf den Startturm und beschädigte ihn schwer. Der Bordcomputer versuchte, den ungleichmäßigen Schub der vier Triebwerke durch Gegensteuern auszugleichen. Jedoch war bald die Grenze der mechanischen Belastbarkeit überschritten und in neun Kilometern Höhe explodierte die Rakete, ein japanischer und ein französischer Satellit gingen verloren.

Die Bodenmannschaften wurden sofort angewiesen, sich in das Innere von Gebäuden zu begeben und Türen und Fenster geschlossen zu halten, da die Ausbreitung von giftigen Gasen befürchtet wurde. Eine Einschätzung, die sich glücklicherweise nicht bestätigte.

Bei der intensiven Untersuchung der geborgenen Wrackteile wurde ein Tuch, offenbar ein Putzlappen, in einer Zuleitung des fehlerhaften Triebwerks gefunden. Offenbar hatte er dessen Funktion beeinträchtigt. Ein Tuch dieser Art war jedoch weder beim Bau der ersten Stufe noch beim Zusammenbau der Rakete verwendet worden. Seine Herkunft blieb ungeklärt. Die angesehene französische Zeitung »Le Monde« lenkte einige Zeit später in einem Artikel den Verdacht auf Sabotage. Obwohl dies nie offizielle Lesart war, wurden die Sicherheitsmaßnahmen in Kourou verschärft. Seit dem Vorfall ist das Startgelände von einem Stacheldrahtzaun umgeben und eine Einheit der französischen Fremdenlegion bewacht das Areal rund um die Uhr.

Nach einer Serie von 26 erfolgreichen Starts in Folge schlug der Fehlerteufel am 24. Januar 1994 erneut zu. Bei Flug V63 versagte bei einer Ariane 44LP eine Pumpe für flüssigen Sauerstoff in der dritten Stufe. Das Triebwerk versagte nach 403 Sekunden Betrieb. Die Rakete mit zwei Satelliten stürzte westlich von Afrika in den Atlantik.

Schon im Juni wurde der Betrieb wieder aufgenommen. Die Welt schien in Ordnung, bis am 1. Dezember desselben Jahres der Jungfernflug (V70) der neuen, leistungsfähigeren H103-Oberstufe scheiterte. Deren Triebwerk schaltete verfrüht ab. Die Nutzlast, ein US-amerikanischer Kommunikationssatellit, ging verloren.

Das war der letzte Fehlschlag mit einer Ariane 4. Die Unfälle hatten allerdings kaum Auswirkungen auf die gute Auftragslage. Die Auftragsbücher waren gut gefüllt und dies setzte sich auch so fort. Insgesamt erreichte die Ariane 4 in ihren verschiedenen Varianten eine Zuverlässigkeit von 97,4 Prozent. Ein Wert, der sich im internationalen Vergleich durchaus sehen lassen kann.

Typ	Startversuch gelungen	Startversuch misslungen
Ariane 40	7	
Ariane 42P	15	
Ariane 42L	14	
Ariane 44P	15	1
Ariane 44LP	26	1
Ariane 44L	39	1
Gesamt:	116	3

Der letzte Start einer Ariane 4. Eine Ariane 44L brachte am 15. Februar 2003 den INTELSAT 907 Kommunikationssatelliten in den Geostationären Transferorbit (V159). Es war gleichzeitig der letzte Start vom Startkomplex ELA2. (ESA/CNES/ARIANESPACE-Service Optique CSG)

BEREIT FÜR DAS NEUE JAHRTAUSEND: DIE ARIANE 5

Schon frühzeitig wurde die Ausrichtung des Ariane-Programms bis zur Jahrtausendwende und darüber hinaus diskutiert. Die Aufgabe einer Trägerrakete der nächsten Generation wurde allerdings nicht mehr unbedingt im Transport von Nutzlasten in den Geotransfer-Orbit (GTO) gesehen. Vielmehr lag das Hauptaugenmerk beim Zugang zum niedrigen Erdorbit (Low Earth Orbit - LEO), und das auch für bemannte Missionen.

Trotzdem blieb natürlich auch Satellitentransport in den Geo-Transferorbit ein Thema. Die Anforderungen potenzieller Kunden an die Leistungsfähigkeit von Trägerraketen hatten kontinuierlich zugenommen und nahmen weiter zu. Die Entwicklung moderner Kommunikationssatelliten machte deutlich, dass in Zukunft durchaus Lasten bis zu 5,5 Tonnen Gewicht in den GTO als realistisch anzusehen wären. Die Zahl der Kundenanfragen nach Startgelegenheiten nahm weiter zu, die Auftragsbücher waren mehr als gut gefüllt. Eine hohe Startfrequenz war also aus wirtschaftlichen Gründen erstrebenswert. Schließlich, so hatte sich bereits in der Vergangenheit gezeigt, ließ sich mit Satellitenstarts gutes Geld verdienen.

Um den unabhängigen europäischen Zugang zu der von den USA damals noch unter dem Namen Freedom geplanten, permanent bewohnten Raumstation (heute: ISS), sicherzustellen, musste die neue Trägerrakete der 1990er-Jahre die hohen Sicherheitsstandards für bemannte Missionen erfüllen. Die französische Raumfahrtbehörde CNES hatte die Entwicklung eines Raumgleiters namens Hermes begonnen, der als Transportmedium für Astronauten in den LEO, in dem sich die Raumstation bewegen würde, dienen sollte. Der schon in einer frühen Planungsphase ausufernden Kosten wegen, wurde das Projekt ab 1987 durch die ESA als europäische Gemeinschaftsunternehmung weitergeführt.

Der Gleiter, dessen Gewicht zwischenzeitlich auf mehr als 20 Tonnen prognostiziert wurde, musste zur Erfüllung seiner Aufgabe als Versorgungsschiff für die Raumstation in Umlaufbahnen zwischen 200 Kilometer und 400 Kilometer über der Erdoberfläche gebracht werden.

Geplante Konfiguration des Raumgleiters Hermes mit einer Ariane 5ES. (ESA)

Satellitenbahnen:

Der Geostationäre Orbit (GEO) ist eine kreisförmige Satellitenbahn um die Erde. Ihre Bahnneigung ist 0 Grad, das heißt, sie verläuft über dem Äquator, der Satellit bewegt sich in 36.000 Kilometer über der Erdoberfläche von West nach Ost. Die Umlaufzeit entspricht genau der Dauer eines Erdtages. Durch die Gleichheit von Umlaufdauer des Satelliten und der Rotationsdauer der Erde, steht der Satellit immer über demselben Ort auf der Erde.
Zum Erreichen des Geostationären Orbits werden Satelliten üblicherweise zunächst von einer Trägerrakete in eine elliptische Umlaufbahn, den Geotransfer-Orbit (GTO), manchmal auch als Parkorbit bezeichnet, gebracht. Der erdfernste Punkt des GTO, das sogenannte Apogäum, befindet sich ungefähr in Höhe des Geostationären Orbits in 36.000 Kilometer über der Erdoberfläche. Der erdnächste Punkt, das Perigäum, liegt in der Regel in einigen Hundert Kilometer Höhe. Durchläuft der Satellit den erdfernsten Punkt seiner Bahn, wird durch Erhöhung seiner Umlaufgeschwindigkeit der Orbit so angepasst, dass die Umlaufzeit mit der Dauer der Erdrotation identisch ist. Die Geostationäre Umlaufbahn ist erreicht.
Die Geschwindigkeitszunahme im Apogäum wird entweder durch eine Brennphase der Oberstufe der Trägerrakete erzielt, wenn der Satellit über kein eigenes Triebwerk verfügt. Besitzt er ein solches Apogäumsmotor genanntes Triebwerk, kann er aus eigener Kraft die GEO erreichen.
Da ein Flugkörper, der sich im Geostationären Umlauf befindet, scheinbar über einem bestimmten Punkt des Erdäquators still zu stehen scheint, kann er mit fest ausgerichteten Antenne zu jedem Zeitpunkt des Tages empfangen werden. Daher werden solche Satelliten häufig für Direktempfangs-Fernseh- und Kommunikationszwecke eingesetzt.
Neben dem Geostationären Orbit kommt auch der niedrigen Erdumlaufbahn (LEO, Low Earth Orbit) eine besondere Bedeutung zu. Diese Umlaufbahn verläuft typischerweise zwischen 200 Kilometer und 800 Kilometer Höhe und wird von bemannten Missionen genutzt. Die Internationale Raumstation ISS etwa umrundet die Erde in 400 Kilometer Höhe ungefähr alle 90 Minuten ein mal. Daneben bewegen sich auch viele Satelliten zur Wetterbeobachtung, für Materialexperiment und ganz allgemein zu Forschungszwecken in diesem Orbit. Die Umlaufbahn des bekannten Hubble Space Telescope verläuft beispielsweise ungefähr 560 Kilometer über der Erdoberfläche.

Aus technologischen und vor allem aus Kostengründen kam das Raumgleiter-Projekt allerdings niemals über das Planungsstadium hinaus. Es wurde Mitte der 1990er-Jahre eingestellt. Die Erfordernis der Tauglichkeit der neuen Ariane für bemannte Flüge war damit obsolet geworden.

Eine Machbarkeitsstudie aus dieser Zeit für die konsequenterweise Ariane 5 getaufte Trägerrakete basierte auf der Unterstufe der Ariane 4, einer neuen kryogenen zweiten Stufe mit der Bezeichnung H55 und der Ariane 4-Oberstufe H10. Die Untersuchungen wurden im Mai 1982 öffentlich gemacht. Die ESA stellte im Januar des nächsten Jahres 13 MAU für weiterführende Studien zur Verfügung.

Für die Rakete wurden verschiedene Optionen in Erwägung gezogen. Beispielsweise war wieder einmal die Wiederverwendbarkeit einzelner

Künstlerische Darstellung des bemannten Raumgleiters Hermes über der Erdoberfläche. (ESA - D. Ducros)

Komponenten Gegenstand der Diskussion. Diesmal war es die erste Stufe, die nach Brennschluss mit Fallschirmhilfe im Wasser niedergehen und zur erneuten Verwendung geborgen werden sollte. Alternativ dazu wurde der ambitionierte Vorschlag untersucht, die Startstufe entweder mit einem faltbaren Delta-Flügel oder sogar mit fest montierten Flügeln landen zu lassen. Um den Entwicklungsaufwand zu minimieren wurde ebenfalls erwogen, die erste Stufe durch ein Bündel der noch zu entwickelnden H55-Stufe zu realisieren. Das hätte die Entwicklung nur eines einzigen neuen Triebwerks für die erste und die zweite Stufe gemeinsam erfordert. Schließlich wurde 1983 eine vergleichende Studie zu verschiedenen Varianten der Ariane 5 in Auftrag gegeben. Alle Ideen aus diesem Vorschlagskatalog wurden darin jedoch entweder als zu teuer oder technisch zu anspruchsvoll verworfen.

Es war offensichtlich, dass eine Trägerrakete mit der erforderlichen hohen Nutzlastkapazität mit zum damaligen Zeitpunkt verfügbaren Triebwerken nicht realisierbar sein würde. Also waren neue Antriebseinheiten erforderlich. Aus jahrelanger Erfahrung war bekannt, dass gerade die Entwicklung eines Raketentriebwerks sehr arbeits- und zeitintensiv war. Ein Zeitraum von zehn Jahren schien durchaus realistisch. Deshalb musste so schnell wie möglich mit der Arbeit an einem mit flüssigem Wasserstoff und flüssigem Sauerstoff getriebenen, später Vulcain getauften Aggregats mit mindestens 600 kN Schub begonnen werden. Der ESA-Rat genehmigte den Beginn der Entwicklung im Juni 1984.

Schließlich wurde im Jahr darauf das endgültige Konzept für die neue Rakete präsentiert. Es umfasste eine große, mit flüssigem Wasserstoff und Sauerstoff betriebene Hauptstufe, der in der Startphase zwei Feststoffbooster zusätzlichen Schub verleihen sollten. Nach dem Ausbrennen der Startstufe sollte je nach Missionsprofil, entweder eine kleine, technisch einfach zu realisierende Stufe mit lagerfähigen Treibstoffen oder eine Stufe mit kryogenen Treibstoff zur Auswahl stehen. Damit konnten dann ein oder zwei Nutzlasten mit einem Gesamtgewicht von bis zu 5900 Kilogramm und einem maximalen Durchmesser von 4,53 Meter in den Geotransfer-Orbit gebracht werden. Nutzlasten für den erdnahen Orbit durften bis zu beindruckenden 18 Tonnen schwer sein. Die Kosten unter der Voraussetzung von acht Starts pro Jahr sollten auf 90 Prozent der Kosten für vergleichbare Ariane 4-Starts gesenkt werden. Als Termin für den Jungfernflug der neuen Rakete wurde der April des Jahres 1995 vorgegeben.

Der Startschuss für die Entwicklung der neuen Ariane 5-Trägerrakete wurde auf einem ESA-Ministerratstreffen am 9. und 10. November 1987 in La Hague, Frankreich, gegeben. Die beteiligten Länder an dem zunächst auf 718 MAU festgelegten Programm waren:

Land	Anteil
BRD	22 %
Belgien	6 %
Dänemark	0,2 %
Spanien	3 %
Frankreich	46,2 %
Irland	0,2 %
Italien	15 %
Niederlande	2,1 %
Norwegen	0,6 %
Österreich	0,4 %
Schweden	2 %
Schweiz	2 %

Großbritannien verzichtete auf die Teilnahme. Die englische Regierung vertrat die Meinung, mit der Ariane 4 auf absehbare Zeit alle Anforderungen an ein modernes Transportsystem abdecken zu können.

Die Leitung des Entwicklungsprogramms der Ariane 5G (G für »Generic«, dt.: Ursprungs- oder Grundversion) wurde der französischen Weltraumagentur CNES übertragen. Sie zeichnete verant-

So wie in dieser künstlerischen Darstellung sollte der bemannte europäische Raumgleiter Hermes an der Spitze einer Ariane-Trägerrakete auf den Weg zur Internationalen Raumstation ISS gebracht werden. (ESA)

wortlich für die technischen Vorgaben und die Finanzverwaltung. Außerdem organisierte die CNES die Zusammenarbeit der beteiligten Industriefirmen und schloss mit ihnen Verträge, immer im Einklang mit den Vorgaben und Vorschriften der ESA. Deren Rolle wiederum beschränkte sich auf die Beobachtung und Kontrolle der CNES-Aktivitäten.

1990 erfolgte der erste Bodentest eines Vulcain-Triebwerkes, einer von insgesamt 500. Bei einigen Versuchen arbeitete das Triebwerk bis zu 900 Sekunden lang. Das entspricht dem Anderthalbfachen der bei einem gewöhnlichen Ariane 5G-Start verlangten 600 Sekunden.

Das Triebwerk, das schließlich in der Entwicklungsabteilung der französischen Firma Snecma Moteurs entstand, ist 3,0 Meter hoch und an der weitesten Stelle 1,76 Meter im Durchmesser. Es wiegt 1,7 Tonnen und produziert im Augenblick des Starts 815 kN Schub. Nachdem es mit Hilfe

Ein Vulcain-Triebwerk auf dem Teststand. (ESA)

Ein Ariane 5G-Vulcain-Triebwerks. Links und rechts davon sind die beiden Feststoffbooster zu erkennen. (ESA/CNES/Arianespace - S. Corvaja)

Nahaufnahme eines Vulcain-Triebwerks. (
- S. Corvaja)

von drei elektrischen Zündern gestartet worden ist, arbeitet es bis zu 600 Sekunden lang. Dabei verbrennen in jeder Sekunde 235 Kilogramm flüssigen Sauerstoffs und flüssigen Wasserstoffs. Das neue Triebwerk ist in den Abmessungen vergleichbar mit den Haupttriebwerken des amerikanischen Space Shuttles. Es ist zwar nicht ganz so effizient, dafür jedoch einfacher im Aufbau. Der Schub beispielsweise ist nicht regelbar. Die im Umgang mit dem 184°C kalten Sauerstoff und dem sogar -251°C kalten Wasserstoff auftretenden Probleme konnten im Laufe der Entwicklungsarbeiten mehr als zufriedenstellend gelöst werden. Schließlich liegen Teile der Wasserstoffpumpe nur 50 Zentimeter von der 1500°C heißen Brennkammer entfernt.

Die Austrittsdüse ist für Kurskorrekturen während des Aufstiegs hydraulisch schwenkbar. Der große Vorteil des Triebwerks gegenüber den Shuttle-Triebwerken liegt in den deutlich geringeren Entwicklungskosten, in besserer Wartbarkeit und größerer Verlässlichkeit.

Ein einziger dieser Vulcain-Motoren treibt die erste Stufe Étage Principal Cryogénique (EPC H158, dt.: kryogene Hauptstufe) der Ariane 5G an. Sie ist 30,5 Meter hoch und 5,4 Meter im Durchmesser. Die von Airbus Defence and Space in Les Mureaux in Frankreich gebaute Stufe fasst bis zu 158 Tonnen Wasserstoff und Sauerstoff. Das Material aus dem die 12,5 Tonnen schwere Stufe besteht ist so dünn, dass sie ohne den Gasdruck in ihren Tanks unter ihrem Eigengewicht kollabieren würde. Nach dem Brennschluss des Vulcain-Triebwerks in 145 Kilometern Höhe wird die Startstufe abgetrennt. Sie tritt wieder in die Erdatmosphäre ein und verglüht zum größten Teil. Was übrig bleibt fällt 2000 Kilometer vor der Küste Südamerikas in den Pazifischen Ozean.

Da die Leistung der Startstufe aber bei weitem nicht ausreicht, die bis zu 750 Tonnen schwere Ariane 5G vom Starttisch zu heben, werden zwei zusätzliche, 31 Meter lange EAP-Feststoffbooster (Ètage aux Accélération á Poudre, dt.: Feststoff-Beschleunigungsstufe), eingesetzt. Jeder misst drei Meter im Durchmesser und ist mit 238 Tonnen Festtreibstoff befüllt. Die Wände der aus drei Segmenten zusammengesetzten Booster bestehen aus nur acht Millimeter dickem Stahl. Die Segmente wurden früher zusammengesteckt, die Berührungsstellen mit O-Ringen abgedichtet und die Teile mit jeweils 180 Schrauben verbunden. Seit 2006 werden die Segmente im Vakuum-Elektronenschweißverfahren verschweißt. Durch eine ausgeklügelte Innengeometrie verändert sich die Leistung der Booster während des Betriebes. Der Maximalschub beträgt 7080 kN, im Durchschnitt 4400 kN. Wenige Augenblicke nach der Zündung durch einen elektrischen Impuls beträgt der Schub annähernd 5400 kN, nimmt dann rapide ab, um nach 40 Sekunden das Minimum zu erreichen. Anschließend steigt er langsam auf den Maximalwert von 7080 kN an, der 90 Sekunden nach der Zündung erreicht wird. Während des Betriebes werden pro Sekunden bis zu zwei Tonnen heißer Gase aus der um maximal 7,2 Grad schwenkbaren Triebwerksdüse ausgestoßen.

Montage des Düsenkegels eines Vulcain-Triebwerks. (ESA)

Diese Feststoffbooster liefern im Augenblick des Abhebens 92 Prozent des Anfangsschubs. Nach 130 Sekunden sind sie ausgebrannt und werden zwölf Sekunden nach Brennschluss abgesprengt. Danach fliegen sie durch ihren eigenen Schwung noch 100 Kilometer weit und fallen schließlich 450 Kilometer vom Startplatz entfernt in den Atlantischen Ozean.

Die durch flüssigen Sauerstoff und flüssigen Wasserstoff angetriebene 1. Stufe EPC H158 der Ariane 5G. (ESA/CNES/Arianespace - Service Optique)

Ein Feststoffbooster (EAP) wird zur Integration mit der 1. Stufe einer Ariane 5 zum Montagegebäude gefahren. (ESA/CNES/ARIANESPACE-Service Optique CSG)

Test eines Feststoffboosters zur Qualitätssicherung auf dem Gelände des Raumfahrtzentrums in Kourou. (ESA/CNES/Arianespace/Optique Video du CSG)

Künstlerische Darstellung der Booster-Abtrennung von einer Ariane 5G. Die Trennung erfolgt etwa 2 Minuten nach dem Start. (ESA)

Beim Start wird zunächst das Triebwerk der ersten Stufe gezündet. Erst wenn alle Sensoren dem Startcomputer melden, dass der Vulcain-Motor seine normalen Arbeitswerte erreicht hat, erfolgt sieben Sekunden später die Zündung der Feststoffbooster. Damit ist sichergestellt, dass bei einer Fehlfunktion des Vulcain-Triebwerkes der Startvorgang noch abgebrochen werden kann. Das ist nach dem Zünden der Booster nicht mehr möglich, da diese nicht mehr abgeschaltet werden können, wenn sie einmal gezündet sind.

Von Zeit zu Zeit werden die Booster aus dem Meer geborgen. Dazu werden sie mit einem Fallschirmsystem versehen, das sie vergleichsweise sanft auf die Wellen des Atlantiks niedergehen lässt. Diese Maßnahme dient ausschließlich der Qualitätssicherung. Die sichergestellten Booster werden nicht wiederverwendet.

Durch den extrem hohen Anfangsschub der Booster sind die Beschleunigungswerte einer Ariane 5G deutlich höher als z.B. bei ihrer Vorgängerin Ariane 4. Dadurch lässt sie die unteren, dichten Atmospähreschichten schneller hinter sich, der

Test eines Feststoffboosters zur Qualitätssicherung auf dem Gelände des Raumfahrtzentrums in Kourou. (ESA/CNES/Arianespace/Optique Video du CSG)

Ein aus dem Meer geborgener Feststoffbooster wird zum Raumfahrtzentrum zurück gebracht. Man erkennt den riesigen Düsenkegel am Ende. (ESA/CNES/Arianespace - Service Optique)

Luftwiderstand nimmt entsprechend schnell ab und Treibstoff wird gespart.

Direkt oberhalb der Unterstufe schließt sich die VEB, die Vehicle Equipment Bay, an. Sie wird von Astrium Space Transportation hergestellt, ist ringförmig aufgebaut, 1,56 Meter hoch und misst wie die Startstufe 5,40 Meter im Durchmesser. Die VEB steuert den gesamten Flugablauf der Ariane von der Zündung der Triebwerke, dem Abtrennen der Booster und der zweiten Stufe bis zum Aussetzen der Nutzlasten. In ihrem Inneren befinden sich nicht nur der Bordcomputer, die Steuereinheiten und die Telemetrieeinrichtungen. Auch zwei kleine Tanks mit insgesamt 76 Litern Rauminhalt gehören zur Ausstattung. Sie nehmen bis zu 70 Kilogramm Hydrazin auf, das über sechs kleine Steuertriebwerke der Ariane zur Lageregelung dient und sie in die Position für das korrekte Aussetzen der Nutzlast bringt.

Die EPS (Etage à Propergols Stockables, dt.: Stufe mit lagerfähigen Treibstoffen) stellt quasi die zweite Stufe der Ariane 5G dar und ist dieser gegenüber sehr klein. Die EPS tritt in Aktion, wenn die EPC die Hauptarbeit bereits erledigt hat. Sie ist 3,4 Meter hoch, ihr maximaler Durchmesser beträgt 3,96 Meter. Mit ihrem unteren Teil fügt sie sich in den hohlen Innenraum der torusförmigen VEB ein. Die EPS wiegt leer 1,2 Tonnen und nimmt 9,7 Tonnen Hydrazin und Stickstofftetroxid in insgesamt sechs kugelförmige Tanks auf. Die Treibstoffe, die auch in der dritten Stufe der Ariane 4 Verwendung finden, sind hypergol, also selbstendzündlich. Angetrieben wird die Stufe durch ein einzelnes Triebwerk vom Typ Aestus. Es ist mehrfach zündbar, was es sehr flexibel macht, und erzeugt bis zu 1100 Sekunden lang 27 kN Schub. Seine Auslassdüse ist um bis zu 4,8 Grad schwenkbar.

Nahaufnahmen der Verstrebungen, die die Feststoffbooster mit der Unterstufe der Ariane 5G verbinden. Zum Abwerfen der Booster nach deren Brennschluss werden sie durch Explosivladungen durchtrennt. (ESA/CNES/Arianespace - S. Corvaja)

Nahaufnahme eines Aestus-Triebwerks. (ESA - S. Corvaja)

Eine EPS-Oberstufe wird zur Montage auf einer Ariane 5 empor gezogen. (ESA/CNES/Arianespace/Optique Video du CSG)

Eine EPS-Oberstufe wird in die ring-förmige Vehicle Equipment Bay eingelassen. (ESA/CNES/Arianespace/Optique Video du CSG)

Haben erste Stufe und Feststoffbooster die Ariane 5G und ihre Nutzlast in eine niedrige Erdumlaufbahn (LEO) gebracht, tritt die EPS in Aktion und verleiht ihr die restliche fehlende Geschwindigkeit für den Geotransfer-Orbit. Nach Brennschluss des Triebwerks liegt der erdfernste Punkt der Umlaufbahn in 1000 Kilometer Höhe über der Erde. Das ermöglicht den Satellitenbetreibern ihre Satelliten mit nur geringem Energieaufwand durch deren eigenes Triebwerk in den geostationären Orbit zu befördern.

Tabelle 7 - Datenblatt Ariane 5G.

Ariane 5G	
Entwicklungszeitraum	1987-1996
Höhe	54 m
Durchmesser	5,4 m
Startmasse	750 t
Startschub	11.500 kN
Max. LEO-Nutzlast	18.000 kg
Max. GTO-Nutzlast	6100 kg
Stufen	2
Booster	2
Erster Start	04.06.1996
Letzter Start	27.09.2003
Flüge	16
Fehlstarts	1+2 Teilerfolge
Zuverlässigkeit	81,2 %

	1. Stufe: H158	2. Stufe: L9,7	Booster:
Länge	30,5 m	3,4 m	31 m
Durchmesser	5,4 m	3,96 m	3 m
Startmasse	170,5 t	10,9 t	270 t
Triebwerk(e)	1 x Vulcain 1	1 x Aestus	1
Schub	815 kN	27 kN	7080 kN
Brenndauer	605 s	1100 s	130 s
Treibstoff(e)	LOX, LH2	Hydrazin, NTO	APCP

Montage einer Vehicle Equipment Bay (VEB) auf der Startstufe einer Ariane 5. (ESA/CNES/CSG)

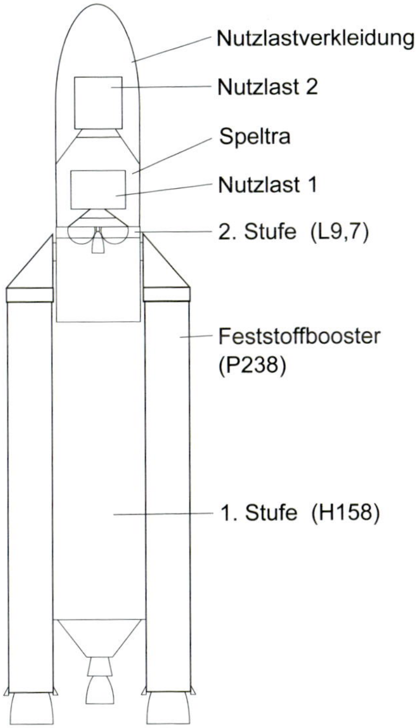

Aufbau der Ariane 5G.

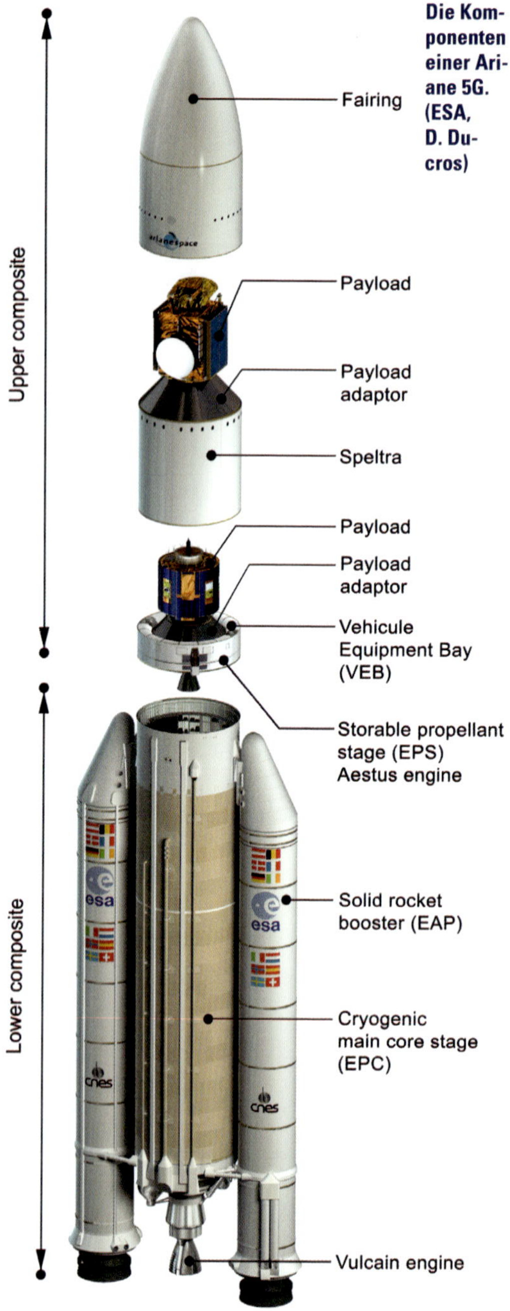

Die Komponenten einer Ariane 5G. (ESA, D. Ducros)

Sowohl die zweite Stufe als auch ihr Aestus-Triebwerk werden in Deutschland von Airbus Defence and Space gebaut, die Struktur in Bremen, das Triebwerk in Ottobrunn.

Um die Ariane 5G für den gemeinsamen Transport von zwei oder mehr Satelliten tauglich zu machen, stehen zwei Alternativen zur Verfügung. Zum einen gibt es das als SPELTRA (Structure Porteuse de Lancement Triple Ariane, dt.: Dreifachstartvorrichtung für Ariane) bezeichnete System. In seinem Inneren wird die eine der beiden Nutzlasten montiert, die anderen oben auf dessen Deckel. Die Seitenwand des SPELTRA umgibt den unteren Satelliten und stellt gleichzeitig dessen Verkleidung dar. Der obere Satellit wird durch eine eigene Nutzlastverkleidung geschützt. Von SPELTRA existieren eine kurze, 4,10 Meter hohe und eine lange, 5,6 Meter hohe Version. Beide haben 5,4 Meter Durchmesser. Nach Erreichen der Umlaufbahn wird nach Abwerfen der Nutzlastverkleidung zunächst der obere der beiden Satelliten freigesetzt. Anschließend wird zunächst der Deckel der SPELTRA, dann deren Seitenteile abgesprengt. Dann kann der jetzt freiliegende Satellit auch in den Weltraum entlassen werden. Da zwei dieser SPELTRAS kombiniert verendet werden können, besteht damit die Möglichkeit, drei Satelliten gleichzeitig zu befördern, woraus sich der Name Dreifachstartvorrichtung herleitet. Da bei einem Dreifachstart natürlich jede der drei Nutzlasten nur ein relativ geringes Gewicht aufweisen darf, solche Satelliten aber im kommerziellen und wissenschaftlichen Bereich heutzutage eher selten anzutreffen sind, wurde die SPELTRA bisher insgesamt nur dreimal eingesetzt.

Heute findet daher nur noch die aus der Doppelstartvorrichtung der Ariane 4 weiterentwickelte Vorrichtung namens SYLDA5 Verwendung. Sie ist 4,5 Meter hoch, 3,2 Meter im Durchmesser und wird komplett von der Nutzlasthülle umschlossen. Ihre Funktion ist identisch mit der einer SPELTRA.

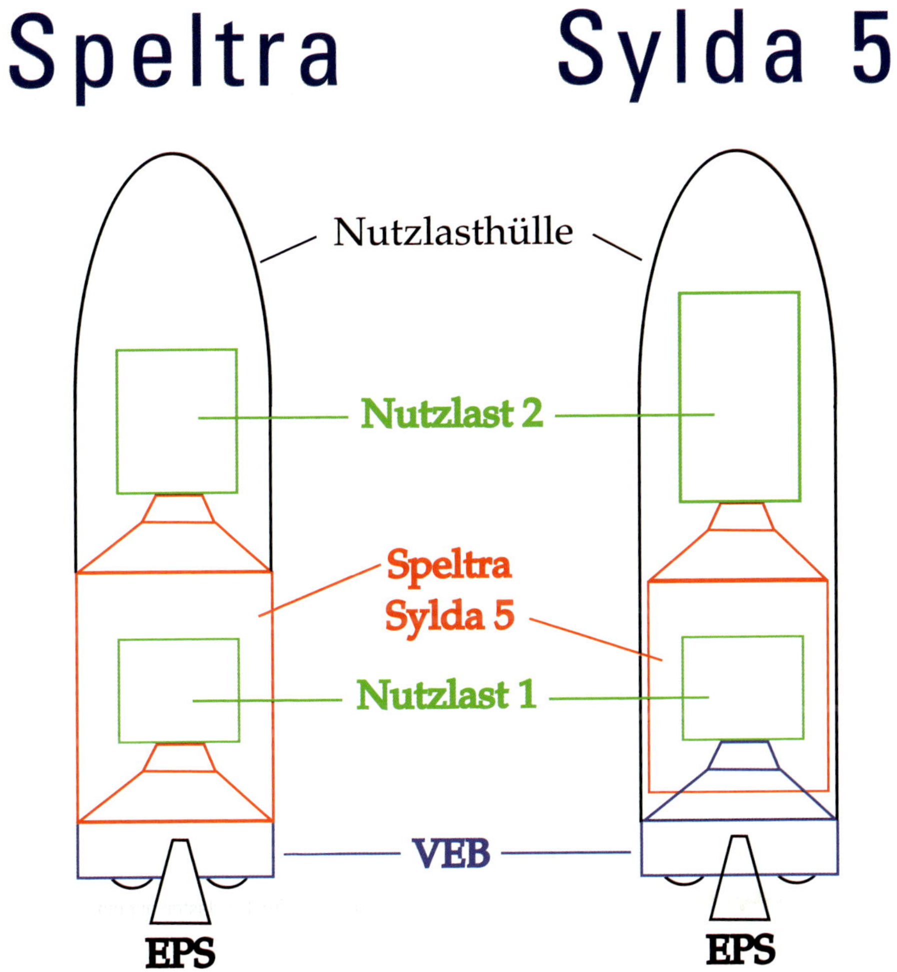

Gegenüberstellung von Speltra und Sylda 5.

Mit Hilfe einer solchen »Ariane Structure for Auxiliary Payload« (ASAP) Vorrichtung lassen sich zusätzlich zur eigentlichen Nutzlast noch weitere Kleinsatelliten mit einer Ariane transportieren und im Weltall aussetzen. (ESA/CNES/Arianespace - Service Optique)

Eine »Ariane Structure for Auxiliary Payload« (ASAP) mit sechs Mikrosatelliten wird auf der Oberstufe einer Ariane 5G montiert. (ESA/CNES/Arianespace - Service Optique)

Die konische Nutzlasthülle, die die transportierten Satelliten vor den aerodynamischen, akustischen und thermischen Belastungen während des Starts und der Aufstiegsphase schützt, umgibt diese bis in etwa 100 Kilometer Höhe. Nach drei Minuten Flug wird sie abgeworfen und die Satelliten liegen frei.

Die Nutzlasthülle, die in der Schweiz von der Firma Oerlikon-Contraves gebaut wird, besteht aus zwei Halbschalen in Aluminium-Honigwaben-

Die beiden Hälften der Nutzlasthülle werden um die Nutzlast, hier ein Meteosat-Wettersatellit, geschlossen. (ESA/CNES/ARIANESPACE-Service Optique CSG)

bauweise und ist mit Karbonfasern verstärkt. Es stehen drei Versionen zur Auswahl. Alle haben 5,40 Meter Durchmesser, unterscheiden sich allerdings in der Länge und damit in ihrem Rauminhalt. Die kürzeste Version ist 12,7 Meter hoch und stellt 125 Kubikmeter für die Nutzlasten bereit. Die zweite mit 13,8 Meter Höhe fasst 145 Kubikmeter Inhalt und die längste der drei ist 17 Meter lang mit 200 Kubikmeter Rauminhalt.

Zum Zeitpunkt des Jungfernflugs einer Ariane 5 hatten die Entwicklungskosten 6,1 Mrd. Euro erreicht und lagen damit etwa 20 Prozent über den prognostizierten Kosten. Kein schlechter Wert, vergleicht man die Überschreitung mit den Kostenexplosionen bei anderen Großprojekten.

Die kurze Variante der Nutzlasthülle wird auf die Ariane 5G-Trägerrakete montiert. Die Nutzlasten sind bereits in ihrem Inneren montiert. (ESA/CNES/Arianespace - Service Optique)

EPS-Oberstufe, Sylda 5 und Nutzlasthülle mit zwei Satelliten. (D. Ducros, ESA)

Die Nutzlasthülle wird über dem ASTRA 2B Fernsehsatelliten abgesenkt. Der Satellit befindet sich oben auf der SYLDA 5-Dopplestartvorrichtung, in deren Inneren der US-amerikanische GE7-Kommunikationssatellit mitfliegt. Der Start erfolgte am 14. September 2000 (Flug 506) mit einer Ariane 5G. (ESA/CNES/Arianespace - Service Optique)

Erster Start einer Ariane 5G

Es verwunderte niemanden, das der von Arianespace schon sehr früh angegebene Termin für den Jungfernflug einer Ariane 5 für April 1995 nicht eingehalten werden konnte. Doch mit nur einem Jahr Verzögerung stand am 4. Juni 1996 endlich eine Rakete dieses Typs in Kourou zum Start bereit. Die Verzögerung von nur 13 Monaten bei einem Projekt dieser Größenordnung erstaunte viele Fachleute. Allerdings war die Entwicklung der Ariane 5 selbst auch überraschend problemlos vonstatten gegangen.

Der erste Start der Trägerrakete der neuen Generation war gleichzeitig auch der Beginn einer neuen Nummerierung der Ariane-Flüge. Der Test erhielt die Nummer 501 statt V89 nach herkömmlicher Zählart. Die Ariane 5G hatte vier baugleiche Nutzlasten an Bord. Die Cluster-Satelliten mit einem Gesamtgewicht von 4,7 Tonnen hatten die Aufgabe, im Auftrag von ESA und NASA das Erdmagnetfeld zu erforschen.

Zunächst aber musste der Start sieben Minuten vor dem Abheben wegen ungünstiger Witterungsverhältnisse um eine Stunde verschoben werden. Schließlich stieg die Rakete um 9:34 Uhr Ortszeit in den Morgenhimmel über Kourou. Dann, nur 37 Sekunden nach dem Abheben, neigte sie sich plötzlich zur Seite, kam vom Kurs ab, stellte sich in der Luft quer und brach schließlich in einem riesigen Feuerball ausei-

Die Ariane 5G (Flug 501) explodiert nach etwas mehr als 30 Sekunden nach dem Start 3400 Meter über dem Erdboden. (ESA)

Nach der Explosion der Ariane 5 bei ihrem Jungfernflug regnen Trümmerteile herab. (ESA)

nander. Eine Wolke giftiger Gase breitete sich aus, Trümmer fielen in die umgebenden Mangroven-Sümpfe. Mitarbeiter, VIPs und Journalisten, die den Start unter freiem Himmel beobachtet hatten suchten Schutz in Gebäuden und sogar unter Bäumen. Glücklicherweise kam niemand zu Schaden.

Die Auswertung der empfangenen Telemetrie zeigte den Ablauf des Unglücks. Dieses begann mit dem Ausfall des Backup-Steuerungssystems der Rakete, 36 Sekunden nach dem Abheben. Eine halbe Sekunde später versagte auch das Hauptsteuerungssystem den Dienst. Die jetzt ihrer Steuersignale beraubten Auslassdüsen der Feststoffbooster und des Vulcain-Triebwerks der ersten Stufe schwenkten in ihre maximale Auslenkung. Die Ariane war zu diesem Zeitpunkt 3400 Meter hoch, etwa 2000 Meter vom Startplatz entfernt und ungefähr 900 Kilometer pro Stunde schnell. Als Folge des plötzlichen extremen Ausschlags der Antriebsdüsen neigte sich die Rakete zur Seite. Als die Abweichung von der normalen Fluglage 30 Grad überstieg, war die Oberstufe den aerodynamischen Belastungen nicht mehr gewachsen, zerbrach und die Ariane 5 explodierte Sekunden später. Der von der Startkontrolle Augenblicke später gesendete Funkbefehl zur Selbstzerstörung ging bereits ins Leere.

Trümmerteile fielen auf ein etwa 10 Quadratkilometer großes Areal herunter. (CNES/CSG)

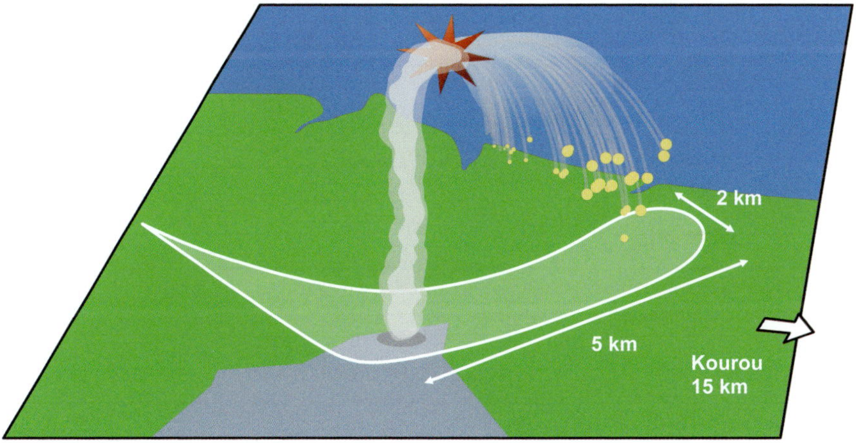

Startvorbereitungen einer Ariane 5ECA:

Tage vor dem Start:

33	Beginn der Startvorbereitungen und des Zusammenbaus der Trägerrakete
9	Die obere der beiden Nutzlasten wird mit der Sylda verbunden
8	Nutzlasthülle wird mit der Sylda verbunden
7	Die untere der beiden Nutzlasten wird auf der Trägerrakete montiert
6	Obere Nutzlast wird einschließlich Sylda und Nutzlasthülle mit der Rakete verbunden
1	Transport der Rakete zum Startplatz

Countdown und Start einer Ariane 5ECA:

T-hh:mm:ss

T-11:30:00	Beginn des Countdowns
T-05:00:00	Startplatz wird geräumt
T-04:00:00	Betanken der ersten und zweiten Stufe beginnt
T-01:10:00	Überprüfung der Telemetrie- und Steuereinrichtungen
T-00:10:00	Entscheidung, ob gestartet wird
T-00:08:00	Nutzlasten auf interne Stromversorgung
T-00:04:00	Betanken der zweiten Stufe mit flüssigem Sauerstoff beendet
T-00:03:40	Betanken der zweiten Stufe mit flüssigem Wasserstoff beendet
T-00:01:05	Trägerrakete auf interne Stromversorgung
T-00:00:37	Beginn der Zündsequenz
T-00:00:06	Tankleitungen für kryogene Treibstoffe werden zurück gezogen
T-00:00:05,5	Steuerung intern
T-00:00:03	Funktion der Computer wird geprüft
T-00:00:00	Vulcain-Triebwerk der ersten Stufe zündet
T+00:00:06,9	Vulcain-Triebwerk hat volle Leistung erreicht
T+00:00:07	Feststoffbooster zünden
T+00:00:07,3	Rakete hebt ab
T+00:02:22	Feststoffbooster werden abgeworfen
T+00:03:16	Nutzlasthülle wird abgeworfen
T+00:09:36	Triebwerk der ersten Stufe schaltet ab
T+00:09:42	Erste Stufe wird abgetrennt
T+00:09:48	Zweite Stufe zündet
T+00:26:33	Zweite Stufe schaltet ab
T+00:29:49	Erster Satellit ausgesetzt
T+00:32:54	Sylda abgeworfen
T+00:37:00	Zweiter Satellit ausgesetzt
T+00:53:28	Ende des Startvorgangs

Die umgehend eingesetzte Untersuchungskommission brauchte nicht lange, um ihren Bericht fertig zu stellen, der eine ziemlich unglaubliche Ursache zu Tage förderte. Die Unterbrechung des Countdowns sieben Minuten vor dem geplanten Starttermin – kein ungewöhnliches Ereignis übrigens – hatte einen unvorhergesehenen Ablauf des Programms des Steuercomputers zur Folge gehabt. In der Software waren auch Code-Segmente der Steuerungssoftware der Ariane 4 enthalten gewesen, die wegen ihres deutlich geringeren Startschubs bekanntlich weniger stark beschleunigte als die Ariane 5 und in Folge dessen einer anderen Aufstiegsbahn folgte. Durch die Unterbrechung des Countdowns war aus irgendeinem Grund ein Teil dieser Software in Aktion getreten. Das Programm stellte nach dem Abheben fest, dass die Ariane 5 offenbar nicht auf der vorausberechneten Aufstiegsbahn – vermeintlich die einer Ariane 4 – war und versuchte den Kurs zu korrigieren, mit fatalen Folgen. Hätte es die Unterbrechung des Countdowns nicht gegeben, der Start wäre möglicherweise fehlerfrei verlaufen. Aber die vier Cluster-Satelliten waren nun mal verloren.

Als Konsequenz aus dem Desaster wurden neuen Designregeln für Softwareprogramme ausgearbeitet, die eine Verbesserung der Qualität und Verlässlichkeit zur Folge hatten. Code aus den Programmen anderer Raketentypen durfte nicht mehr verwendet werden.

Die Behebung des Fehlers kostete 208 Millionen Euro und dauerte länger als ein Jahr. Während die Ariane 4 die Reihe ihrer erfolgreichen Starts kontinuierlich fortsetzte, beschloss die ESA, zwei erfolgreiche Flüge der Ariane 5 seien notwendig, bevor die Rakete als qualifiziert für kommerzielle Nutzlasten deklariert werden könne.

Der zweite Versuch, eine Ariane 5 in den Weltraum zu schießen, fand erst am 30. Oktober 1997 statt. An Bord waren zwei Satellitenattrappen von insgesamt 4,7 Tonnen Gewicht und zusätzlich zwei Mikrosatelliten. Nach einem nur von kleineren Störungen unterbrochenem Countdown hob Flug V502 um 10:43 Uhr Ortszeit ab.

Die Rakete stieg höher und höher. Nach zwei Minuten und zwei Sekunden wurden in 60 Kilometer Höhe die ausgebrannten Feststoff-Booster abgeworfen. Nach neun Minuten war Brennschluss der ersten Stufe, die zweite Stufe zündete. Ihr Aestus-Triebwerke arbeitete fehlerfrei, abgesehen davon, dass es 6,5 Sekunden zu früh abschaltete. Trotz der daraus resultierenden etwas zu niedrigen Umlaufbahn wurde der Start als Erfolg eingestuft. Allerdings zeigte die anschließende Datenanalyse eine Reihe bisher unentdeckter Probleme während des Aufstiegs. Beispielsweise hatten Unregelmäßigkeiten im Aufbau des Triebwerks der ersten Stufe schnelle Drehungen der Rakete um ihre Längsachse zur Folge. Sie waren offensichtlich auch ursächlich für das verfrühte Abschalten der zweiten Stufe gewesen.

Für den nächsten Test wurde statt des ursprünglich gebuchten Eutelsat W2-Satelliten noch ein einmal ein in Größe und Gewicht identischer Dummy transportiert. Außerdem befand sich noch das sogenannte ARD (»Atmospheric Reentry Demonstrator«, dt.: Atmosphärenwiedereintritts-Demonstrationsmodell) an Bord. Das ARD war von der äußeren Erscheinung einer Apollo-Kapsel sehr ähnlich, war jedoch nur halb so groß. Es hatte die Aufgabe, das Wiedereintrittsverhalten eines Flugkörpers in die Erdatmosphäre in Vorbereitung auf möglicherweise bald anstehende bemannte europäische Raumflüge zu untersuchen. Der Start erfolgte am 21. Oktober 1998. Nachdem in 115 Kilometer Höhe die Nutzlasthülle abgeworfen worden war, wurde zwölf Minuten nach dem Abheben das ARD 209 Kilometer über der Erdoberfläche freigegeben. Getragen vom eigenen Schwung erreichte das Modell schließlich den erdfernsten Punkt seiner ballistischen Flugbahn 830 Kilometer über der Erdoberfläche. Von dort aus begann der Wiedereintritt, der das ARD mit mehr als 27.000 km/h zur Wasserung im Pazifischen Ozean führte. Der anvisierte Zielpunkt wurde nur um 4,9 Kilometer verfehlt und die Kapsel nach fünf Stunden geborgen.

Der zweite Start der Ariane 5G am 30. Oktober 1997. Trotz des vorzeitigen Abschaltens des Triebwerks der Oberstufe wurde der Flug (502) als Erfolg gewertet. (ESA/CNES/Arianespace - Service Optique)

Tabelle 8 - Die Versionen der Ariane 5.

	Ariane 5G	Ariane 5G+	Ariane 5GS	Ariane 5ECA	Ariane 5ES
Entwicklungszeitraum	1987-1996	1995-2003	1995-2005	1995-2002	1995-2007
Höhe	54 m	54 m	54 m	59 m	59 m
Durchmesser	5,4 m	5,4 m	5,4 m	5,4 m	5,4 m
Startmasse	750 t	750 t	753 t	777 t	775 t
Startschub	11.500 kN	11.500 kN	11.629 kN	11.800 kN	11.800 kN
Max. LEO-Nutzlast	18.000 kg	19.000 kg	20.000 kg	16.000 kg	20.000 kg
Max. GTO-Nutzlast	6.100 kg	6.300 kg	6.500 kg	9.700 kg	8.000 kg
Stufen	2	2	2	2	2
Booster	2	2	2	2	2
Erster Start	04.06.1996	02.03.2004	11.08.2005	11.12.2002	09.03.2008
Letzter Start	27.09.2003	18.12.2004	noch im Einsatz	noch im Einsatz	noch im Einsatz
Flüge	16	3	6	49	5
Fehlstarts	1+2 Teiler-folge	0	0	1	0
Zuverlässigkeit	81,2 %	100 %	100 %	98 %	100 %

Beim zweiten Start einer Ariane 5G (Flug 502) fotografierte eine der beiden experimentellen Nutzlasten (TEAMSAT) nach der Trennung die zurückfallende Oberstufe mit der Speltra-Doppelstartvorrichtung in 600 Kilometer Höhe über Afrika. (ESA)

Eine Ariane 5 ist über Versorgungsleitungen mit dem Startturm verbunden. (ESA/CNES/Arianespace/Optique Video du CSG)

Das Atmosphärenwiedereintritts-Demonstrationsmodell (ARD). (ESA - J-L. Atteleyn)

Die Oberstufe der Ariane erreichte mit dem Satellitenmodell den vorgesehenen elliptischen Geotransfer-Orbit, dessen erdnächster Punkt 1027 Kilometer, der erdfernste Punkt 35.863 Kilometer über der Erdoberfläche lag. Das einzige Problem im Zuge des Testfluges war das Versagen

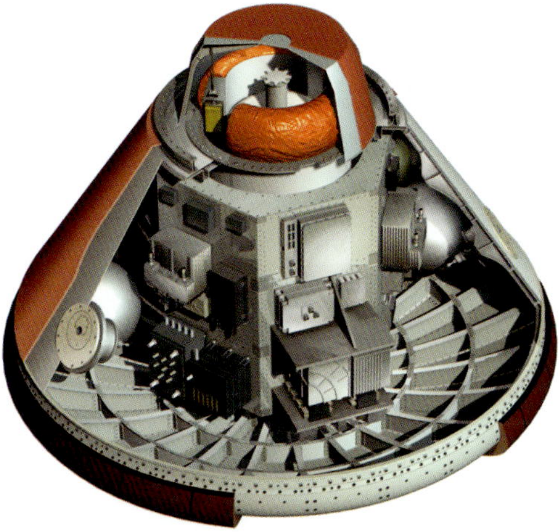

Schemazeichnung des Atmospheric Reentry Demonstrator. (ESA - D. Ducros)

des Fallschirms eines der beiden Feststoffbooster, die zu Kontrollzwecken aus dem Meer hätten geborgen werden sollen. Dies spielte für die Bedeutsamkeit der Mission jedoch keine wesentliche Rolle.

Damit galt die Ariane 5 als Satellitenträger qualifiziert. Die erste Nutzlast war am 10. Dezember 1999 das europäische XRay Multi Mirror Telescope (XMM). Der Start von Flug 504 verlief äußerst präzise. Das Teleskop wurde in einer stark exzentrischen Umlaufbahn ausgesetzt, deren erdnächster Punkt in 825,6 Kilometer Höhe lag, der erdfernste in 113.946 Kilometer. Die Abweichung von der vorausberechneten Umlaufbahn betrug maximal 1,5 Kilometer. Zu diesem Zeitpunkt hatte Arianespace bereits 39 Buchungen vorliegen und damit einen Marktanteil von 50 Prozent am weltweiten Markt von Satellitenstarts.

Nur einer der beiden Feststoffbooster konnte aus dem Meer geborgen werden. (ESA/CNES/CSG)

Eine Ariane 5 hat die Montagehalle (hinten) verlassen und ist auf dem Weg zur Startanlage (im Vordergrund links). (S. Corvaja, ESA)

Eine Ariane 5G wird auf ihrer mobilen Plattform zum Startkomplex ELA-3 gefahren. (ESA/CNES/ Arianespace - S. Corvaja)

Die sechste aus der Reihe von insgesamt 16 Ariane 5G-Trägerraketen wird für den Start von ELA-3 am 14. September 2000 (V130) vorbereitet. (ESA/CNES/Arianespace - Service Optique)

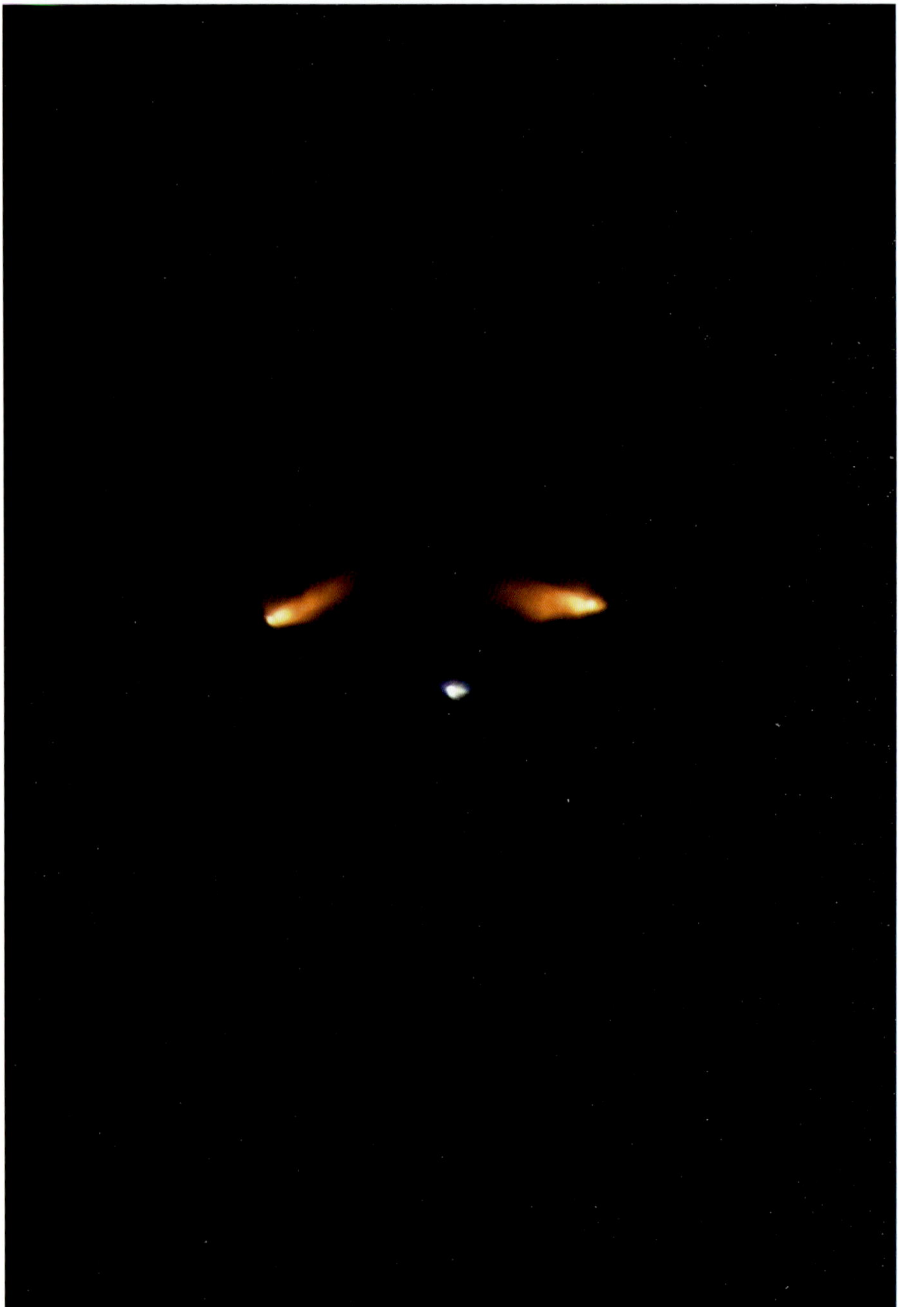

Die Weiterentwicklung der Ariane 5

Noch bevor am 4. Juni 1996 eine Ariane 5 vom Starttisch in Kourou zu ihrem ersten – leider missglückten – Testflug abhob, wurde bereits im Herbst des Vorjahres über die zukünftige Entwicklung der Rakete entschieden. Auf der ESA-Versammlung vom 18. bis 20. Oktober in Toulouse beschlossen die Minister der Mitgliedsstaaten die Weiterentwicklung der Ariane 5. Sie brachten das sogenannte »Ariane Evolution Program« auf den Weg, das die Erhöhung der Traglast der Trägerrakete auf 7400 Kg für den gleichzeitigen Start von zwei Satelliten in den geostationären Transferorbit zum Ziel hatte. Die zeitlich ambitionierte Vorgabe für den Abschluss des Projekts war das Jahr 2003. Gleichzeitig wurde das Ariane 5-Infrastruktur-Programm initiiert, mit dem die Produktionsstätten und die Starteinrichtungen an die gestiegenen Anforderungen angepasst werden sollten.

Die Tragfähigkeit der neuen Rakete sollte in erster Linie durch Verbesserungen an allen drei Antriebseinheiten der Ariane 5 erreicht werden. Gleichzeitig wurden Arbeiten an der Doppelstartvorrichtung SYLDA 5 und der Vehicle Equipment Bay geplant, die in erster Linie auf die Verringerung des Gewichts und damit auf Steigerung der Nutzlastkapazität zielten.

Um die Ariane 5 während des angedachten achtjährigen Zeitraums bis zur Einsatzreife des neuen Raketenmodells wettbewerbsfähig zu halten, wurde beschlossen die aktuelle Ariane 5G durch Weiterentwicklung auf dem Stand der Technik zu halten. Auf diese Art und Weise entstand bis zum Jahr 2004 eine nur geringfügig modifizierte Version der Ariane 5G, die Variante Ariane 5G+.

Ariane 5G+

Es gelang, die Nutzlastkapazität der Ariane 5G um 150 Kilogramm zu erhöhen. Die dadurch entstandene verbesserte Version Ariane 5G+ erhielt zwei größerer Tanks für die zweite Stufe. Sie konnten deshalb 300 Kilogramm mehr Treibstoff aufnehmen. Zusammen mit einer Anpassung des Aestus-Triebwerks erlaubte dies, bei gleichbleibendem Schub eine 70 Sekunden längere Brennzeit des Antriebs der Oberstufe, die jetzt unter der Bezeichnung EPS L10 geführt wurde. Die Vehicle Equipment Bay wurde ebenfalls überarbeitet. Ihre aus leichteren Baustoffen, hauptsächlich Kohlefaserwerkstoffe, gefertigte Struktur und das elektrische System wurden runderneuert.

Die derart modifizierte Ariane besaß eine Nutzlastkapazität von 6300 Kilogramm für den Geotransfer-Orbit. Sie starte am 2. März 2004 (Flug 518) zum ersten von insgesamt drei Flügen. Der letzte erfolgte am 18. Dezember 2004 (Flug 520). Alle Starts gelangen, insgesamt neun Satelliten, darunter einige Kleinsatelliten geringer Masse, wurden ins All transportiert. Der wohl bekannteste Passagier einer Ariane 5G+ ist die europäische Kometensonde Rosette mit ihrem Landemodul Philae. Nach dem Start gleich mit der ersten Ariane 5G+-Mission erreichte sie schließlich nach zehn Jahren im All 2014 ihr Ziel, den Kometen P67/Tschurjumow-Gerassimenko.

Während an der Ariane 5G nur kleine Verbesserungen vorgenommen wurden, wurde im Rahmen des Ariane Evolution-Programms intensiv an der Fortentwicklung der Rakete gearbeitet. Aus diesem Programm gingen drei neue, mehr oder weniger veränderte Versionen der Ariane 5-Grundversion hervor: die Ariane 5ECA, Ariane 5GS und die Ariane 5ES ATV.

Links: Eine Ariane 5 entschwindet in der Nacht. Gut zu erkennen die Feuerschweife der beiden abgesprengten Booster, die sich von der Ariane 5 wegbewegen. (ESA – S. Corvaja)

Die überarbeitete Vehicle Equipment Bay (VEB) der Ariane 5G+. (ESA/CNES/Arianespace - Service Optique)

Blick auf das Innere eines Vulcain-Triebwerk der Startstufe einer Ariane 5G. (ESA/CNES/Arianespace - Service Optique)

Die Vehicle Equipment Bay einer Ariane 5G+. (ESA/CNES/Arianespace - Service Optique)

Startstufe einer Ariane 5G+ am Kran innerhalb des Integrationsgebäudes. (ESA/CNES/Arianespace - Service Optique)

Tabelle 9 - Datenblatt Ariane 5G+.

Ariane 5G+	
Entwicklungszeitraum	1995-2003
Höhe	54 m
Durchmesser	5,4 m
Startmasse	750 t
Startschub	11.500 kN
Max. LEO-Nutzlast	19.000 kg
Max. GTO-Nutzlast	6300 kg
Stufen	2
Booster	2
Erster Start	02.03.2004
Letzter Start	18.12.2004
Flüge	3
Fehlstarts	0
Zuverlässigkeit	100 %

	1. Stufe: H158	2. Stufe: L10	Booster: P238
Länge	30,5 m	3,4 m	31 m
Durchmesser	5,4 m	3,96 m	3 m
Startmasse	170,5 t	11,2 t	270 t
Triebwerk(e)	1 x Vulcain 1	1 x Aestus	1
Schub	815 kN	27 kN	7080 kN
Brenndauer	605 s	1170 s	130 s
Treibstoff(e)	LOX, LH2	Hydrazin, NTO	APCP

Ariane 5ECA

Die auch heute noch im Einsatz stehende Ariane 5ECA wurde speziell für den Transport von Satelliten in den Geotransfer-Orbit entwickelt. Die Bezeichnung ECA steht für Evolution Cryotechnique Type A (dt.: Kryotechnische Entwicklungsstufe A). Dieser Ariane-Typ ist bis zu 53 Meter lang und wiegt auf der Startplattform bis zu 780 Tonnen. Er ist in der Lage bis zu 9,7 Tonnen schwere Lasten in den Geotransfer-Orbit zu bringen, also 3,6 Tonnen mehr als die Grundversion Ariane 5G. Erreicht wird das durch eine verbesserte Unterstufe EPC H173, deren vergrößerte Tanks nun 173 Tonnen der tiefgekühlten Treibstoffe Wasserstoff und Sauerstoff aufnehmen. Die Treibstoffe werden in einem neu konstruierten Vulcain 2-Triebwerk verbrannt. Damit gelang es, den Startschub von 815 kN beim Vorläufertyp auf nunmehr 960 kN zu steigern.

Die Ariane 5ECA erhielt eine neue, ebenfalls kryogene Oberstufe ESCA H14,4 auf Basis des bereits in der Ariane 4 eingesetzten HM7B-

Nahaufnahme der Pumpe zur Förderung des flüssigen Sauerstoffs eines Vulcain 2-Triebwerks. (ESA/SEP)

Innenansicht der Düse eines Vulcain 2-Triebwerks. (ESA/CNES/Arianespace - S. Corvaja)

Montage einer Ariane 5ECA-Oberstufe ist zur Montage auf der Startstufe vorbereitet. (ESA/CNES/Arianespace - Service Optique)

Die kryogene Oberstufe der Ariane 5ECA ist über zwei Arme mit Leitungen für die tiefkalten Treibstoffe Sauerstoff und Wasserstoff mit dem Versorgungsturm verbunden. Die Hülle mit den Nutzlasten fehlt noch. (ESA/CNES/Arianespace - Service Optique)

Tabelle 10 - Datenblatt Ariane 5ECA.

Ariane 5ECA	
Entwicklungszeitraum	1995-2002
Höhe	53 m
Durchmesser	5,4 m
Startmasse	780 t
Startschub	11.800 kN
Max. LEO-Nutzlast	16.000 kg
Max. GTO-Nutzlast	9700 kg
Stufen	2
Booster	2
Erster Start	11.12.2002
Letzter Start	noch im Einsatz
Flüge	49*
Fehlstarts	1
Zuverlässigkeit	98 %

* Stand Juni 2015

	1. Stufe: H173	2. Stufe: H14,4	Booster: P241
Länge	30,5 m	4,7 m	31 m
Durchmesser	5,4 m	5,4 m	3 m
Startmasse	185,5 t	19,2 t	273 t
Triebwerk(e)	1 x Vulcain 2	1 x HM7B	1
Schub	960 kN	64,8 kN	7080 kN
Brenndauer	540 s	970 s	140 s
Treibstoff(e)	LOX, LH2	LOX, LH2	APCP

Triebwerks. Diese liefert mit 64,8 kN deutlich mehr Schub als die bisherige Oberstufe der Ariane 5G, allerdings bei einer mit 130 Sekunden kürzeren Brenndauer. Sie hat 5,4 Meter Durchmesser und befindet sich nicht mehr im Inneren der Vehicle Equipment Bay. Die VEB befindet sich nun wieder oberhalb der zweiten Stufe. Da sie deren 19,2 Tonnen Gewicht nicht mehr tragen muss, kann sie wesentlich leichter gebaut werden. Das kommt wiederum der Nutzlastkapazität zu Gute.

Zu guter Letzt wurden die Feststoffbooster optimiert. Sie konnten noch einmal leichter konstruiert werden und deshalb drei Tonnen zusätzlichen Treibstoff aufnehmen. Die nunmehr mit EAP P241 bezeichneten Zusatztriebwerke wiegen danach beim Start 273 Tonnen und produzieren 140 Sekunden lang durchschnittlich bis zu 7080 kN Schub.

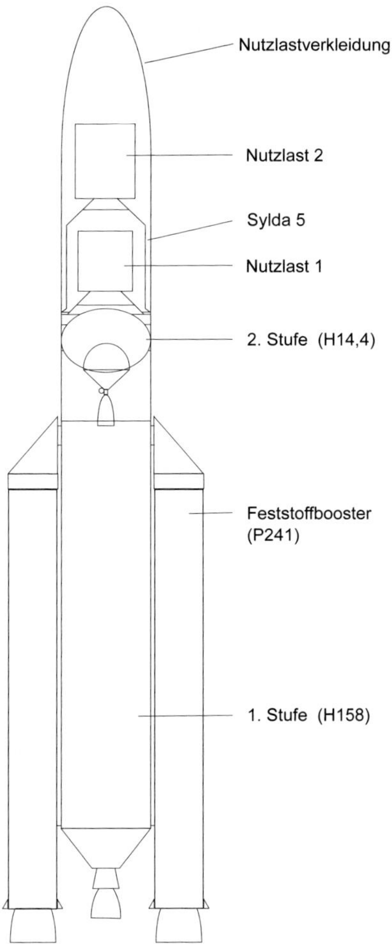

Aufbau der Ariane 5ECA.

Blick auf die Streben, die die Feststoffbooster mit der 1. Stufe der Ariane 5ECA verbinden. (ESA/CNES/ Arianespace - S. Corvaja)

Eine Ariane 5ECA kurz vor Erreichen der Startanlage. (ESA/CNES/Arianespace/Optique Video du CSG)

Nachtstart einer Ariane 5ECA am 8. Dezember 2006 (Flug 534). (ESA/CNES - Photo Optique Video CSG)

Risszeichnung einer Ariane 5ECA auf ihrer fahrbaren Startplattform. (ESA – D. Ducros)

Rechts: Eine Ariane 5ECA auf dem Weg zum Startplatz. (ESA/CNES/Arianespace - S. Corvaja)

ariane
esa

Der Start einer Ariane 5ECA zum Flug 564 war der 50. erfolgreiche Start einer Ariane 5 hintereinander. (ESA/CNES/Arianespace/Optique Video du CSG)

Obwohl die Nutzlastkapazität der Ariane 5ECA für den Geotransfer-Orbit mit 11,8 Tonnen gegenüber den 11,5 Tonnen der Ariane 5G gesteigert worden war, verringerte sich unter dem Einfluss der Veränderungen die Transportkapazität für die erdnahe Umlaufbahn. Sie sank auf 16 Tonnen gegenüber 18 Tonnen beim Ariane 5-Grundmodell.

Zu ihrem ersten Einsatz kam die Ariane 5ECA am 11. Dezember 2002. Zunächst hob die Rakete planmäßig vom Starttisch ab. Dann allerdings ließ nach 96 Sekunden der Druck im Kühlsystem des Vulcain 2-Triebwerks der Startstufe nach. Die Telemetriedaten zeigten erste Unregelmäßigkeiten im Flugverlauf. Nach 178 Sekunden versagte die mechanische Struktur des Düsenkegels des Triebwerks, dessen Konstruktion offenbar für die auftretenden thermischen und dynamischen Belastungen nicht ausreichend stabil ausgelegt war. Die Triebwerksprobleme wurden weitere neun Sekunden später, nach dem planmäßigen Abwurf der Nutzlastverkleidung in 150 Kilometer Höhe verhängnisvoll. Die Ariane wurde unkontrollierbar und trudelte der Meeresoberfläche entgegen. Sie musste 455 Sekunden nach dem Start in 96 Kilometer über dem Pazifik aus Sicherheitsgründen gesprengt werden. Der Kommunikationssatellit Hot Bird 7 und der französische Experimentalsatellit Stentor gingen verloren.

Unter dem Eindruck des Versagens der neuen Trägerrakete wurden neben technischen Veränderungen auch das Management und die Produktionsprozesse neu strukturiert. Statt Arianespace, die bisher alle Komponenten fertig montiert bei Zulieferfirmen geordert hatte, wurde die Verantwortung jetzt einzig und allein der Firma EADS Astrium übertragen, die nunmehr alleinig für Entwicklung und Produktion der Rakete zuständig war.

Es gingen knapp zweieinhalb Jahre ins Land, in denen intensiv an Verbesserungen, hauptsächlich am fehlerhaften Vulcain-Triebwerk gearbeitet wurde, bevor der nächste Start einer Ariane 5ECA am 12. Februar 2005 gewagt werden konnte.

Diesmal klappte alles reibungslos und drei Satelliten erreichten die vorausberechnete Umlaufbahn. Seither kann die Ariane 5ECA bis heute mit einer geradezu unglaublichen Serie von bald 50 erfolgreichen Starts in Folge aufwarten. Damit ist sie zu Europas Standardträgerrakete Nummer 1 avanciert.

Triebwerksdüse des Vulcain-Triebwerks der Startstufe einer Ariane 5ECA. (ESA/CNES/Arianespace - S. Corvaja)

Start von Flug 547 am 1 Juli 2009. Die Ariane 5ECA setzte TERRESTAR 1, den bis dahin schwersten und leistungsstärksten je gestarteten Kommunikationssatelliten 26 Minuten nach dem Abheben erfolgreich im Geotransfer-Orbit aus. (ESA/CNES/Arianespace - S. Corvaja)

Die Startstufe wird im Inneren des Montagegebäudes in Position gebracht, um mit den Zusatztriebwerken verbunden zu werden. (ESA - S. Corvaja)

Eine Ariane 5ECA auf dem Weg in den Weltraum. (ESA - S. Corvaja)

Schemazeichnung einer Ariane 5ECA. (ESA – D. Ducros)

Rechts: Eine Ariane 5ECA tritt den Weg aus dem Montagegebäude zum Startplatz an. (ESA - S. Corvaja)

Am 26. November 2010 brachte eine Ariane 5ECA zwei Satelliten, einer von ihnen ein INTELSAT-Kommunikationssatellit, in den Weltraum (Flug 556). (2010 ESACNESARIANESPACE/Optique Video du CSG – L MIRA)

Die europäische Sonde Planck zur Erforschung des kosmischen Hintergrundes wird hier gerade als untere Nutzlast mit einer Sylda 5-Doppelstartvorrichtung umhüllt. (ESA/CNES/ARIANESPACE - Photo Optique Video CSG, JM Guillon, 2009)

Das Infrarot-Teleskop Herschel ist auf der Sylda 5 montiert, in deren Inneren bereits die Sonde Planck auf den Start mit einer Ariane 5ECA wartet. Die Nutzlasthülle wird gerade über die beiden Satelliten abgesenkt. (ESA-CNES-ARIANESPACE / Optique Vidéo du CSG - P. Baudon)

Herschel und Planck in der Startkonfiguration. (ESA - Guarniero)

Ariane 5GS

Um in der Zeit der Aufarbeitung des gescheiterten Jungfernflugs der Ariane 5ECA nicht tatenlos abwarten zu müssen, wurde währenddessen durch weitere geringfügige Änderungen des Ariane 5-Grundmodells versucht, eine Weiterentwicklung von deren Leistungsdaten zu erreichen.

Dazu wurde größtenteils auf Bewährtes zurückgegriffen. Die als Ariane 5GS bezeichnete Variante wurde mit der bewährten EPC H158-Startstufe der Ariane 5G ausgestattet, die allerdings ein leicht modifiziertes Vulcain 1B-Triebwerk erhielt. Neben der Oberstufe EPS L10, bereits für die Ariane 5G+ fast fertig entwickelt, fanden auch bei dieser Abwandlung des Grundmodells die leistungsgesteigerten EAP P241-Booster Verwendung. Die Ariane 5GS konnte in dieser Konfiguration 6,5 Tonnen Nutzlast in den geostationären Transferorbit und 20 Tonnen in die erdnahe Umlaufbahn transportieren. Sie war je nach verwendeter Nutzlastverkleidung bis zu 54 Meter lang, 5,4 Meter im Durchmesser und brachte maximal 753 Tonnen auf die Startplattform, von der sie mit 11.800 kN Gesamtschub abhob.

Der erste Einsatz dieses Typs erfolgte am 11. Dezember 2002, der letzte am 18. Dezember 2009. In diesem Zeitraum erreichte die Ariane 5GS bei insgesamt sechs Starts eine makellose Bilanz ohne einmal zu versagen.

Ein Vulcain 1B-Triebwerk und 2 Feststoffbooster verleihen der Ariane 5GS einen Startschub von 11.800 kN. (S. Corvaja, ESA)

Rechts: Verbindungsleitungen vom Versorgungsturm zur Rakete (ESA/CNES/Arianespace - S. Corvaja)

Tabelle 11 - Datenblatt Ariane 5GS.

Ariane 5GS	
Entwicklungszeitraum	1995-2005
Höhe	54 m
Durchmesser	5,4 m
Startmasse	753 t
Startschub	11.800 kN
Max. LEO-Nutzlast	20.000 kg
Max. GTO-Nutzlast	6500 kg
Stufen	2
Booster	2
Erster Start	11.08.2005
Letzter Start	18.12.2009
Flüge	6
Fehlstarts	0
Zuverlässigkeit	100 %

	1. Stufe: H158 (modifiziert)	2. Stufe: L10	Booster: P241
Länge	30,5 m	3,4 m	31 m
Durchmesser	5,4 m	3,96 m	3 m
Startmasse	170,5 t	11,2 t	273 t
Triebwerk(e)	1 x Vulcain 1B	1 x Aestus	1
Schub	815 kN	27 kN	7080 kN
Brenndauer	605 s	1170 s	140 s
Treibstoff(e)	LOX, LH2	Hydrazin, NTO	APCP

Eine Ariane 5GS bringt einen französischen HELIOS-Aufklärungssatelliten in eine niedrige Erdumlaufbahn (LEO). Der Start erfolgte am 18. Dezember 2009 (Flug 532). (2009 ESAC-NESARIANESPACE/Optique Video du CSG – L BOYER)

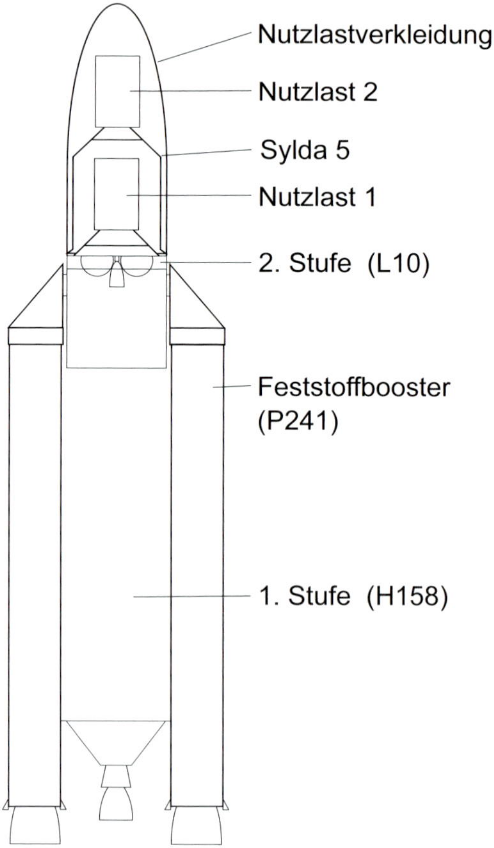

Aufbau der Ariane 5GS.

Mit Flug 526 brachte eine Ariane 5GS am 2. Oktober 2007 zwei Kommunikationssatelliten ins All. (2007 ESACNESARIANESPACE/PHOTO Optique Video du CSG)

Ariane 5ES

Die Variante ES (Evolution Storable, dt.: Entwicklungsstufe Lagerfähig) wurde als Spezialversion für den Transport schwerer Nutzlasten, insbesondere des bis zu 21 Tonnen schweren Automated Transfer Vehicle (ATV), dem Zubringerfahrzeug für die Internationale Raumstation ISS, konzipiert. Sie bedient sich der EPC H173-Unterstufe und der leistungsstarken EAP P241-Feststoffbooster, die beide von der Ariane 5ECA übernommen wurden. Die EPS L10-Oberstufe der Ariane 5G+ und Ariane 5GS wurde für den Einsatz in der ES-Version strukturell verstärkt, da die schwere Nutzlast auf ihr montiert und daher von ihr getragen werden muss. Aus diesem Grund ist die Oberstufe auch 300 Kilogramm schwerer als die der anderen beiden Modelle. Für den Transport des ATV nimmt sie zehn Tonnen lagerfähiges Hydrazin und Stickstofftetroxid auf. Ihr Triebwerk ist für die für solche Missionen erforderlichen mehrmaligen Zündungen mit den dazugehörigen langen Zwischenpausen optimiert. Die Wiederzündbarkeit des Vulcain 2-Antriebs wird daneben auch dazu benutzt, die Oberstufe zusammen mit der Vehicle Equipment Bay kontrolliert aus der Umlaufbahn zurück in die Erdatmosphäre zu bringen, wo sie in großer Höhe ohne Gefahr für bewohnte Gebiete in mehrere Teile zerbricht, die dann im Normalfall rückstandslos verglühen.

Die Gesamthöhe der Ariane 5ES beträgt mit Nutzlastverkleidung stattliche 59 Meter, ihr Durchmesser 5,4 Meter. Das Startgewicht beträgt je nach Nutzlast bis zu maximal 775 Tonnen und ihr Startschub 11.800 kN.

Zwischen ihrem Erstflug am 9. März 2008 (Flug 528) und dem bisher letzten Start am 29. Juli 2014 (Flug 593) brachte die Ariane 5ES fünf Mal ein ATV- Versorgungsraumschiff mit Erfolg auf den Weg zum Rendezvous mit der ISS 277 Kilometer über der Erde und sie erreichte damit eine Zuverlässigkeit von 100 Prozent.

Die eben beschrieben Version der Ariane 5ES wird gerne auch mit der Zusatzbezeichnung ATV versehen. Daneben wird an einer Variante Ariane 5ES Galileo gearbeitet. Mit ihr sollen jeweils vier Satelliten des europäischen Navigationssystems Galileo gleichzeitig in eine 23.600 Kilometer hohe Umlaufbahn um die Erde gebracht werden.

EADS Astrium wurde am 2. Februar 2012 mit der Entwicklung dieses Typs beauftragt. Ursprüng-

Tabelle 12 - Datenblatt Ariane 5ES.

Ariane 5ES	
Entwicklungszeitraum	1995-2007
Höhe	59 m
Durchmesser	5,4 m
Startmasse	775 t
Startschub	11.800 kN
Max. LEO-Nutzlast	20.000 kg
Max. GTO-Nutzlast	8000 kg
Stufen	2
Booster	2
Erster Start	09.03.2008
Letzter Start	noch im Einsatz
Flüge	5*
Fehlstarts	0
Zuverlässigkeit	100 %

* Stand Juni 2015

	1. Stufe: H173	2. Stufe: L10	Booster: P241
Länge	30,5 m	3,4 m	31 m
Durchmesser	5,4 m	3,96 m	3 m
Startmasse	185,5 t	11,2 t	273 t
Triebwerk(e)	1 x Vulcain 2	1 x Aestus	1
Schub	960 kN	27 kN	7080 kN
Brenndauer	540 s	1170 s	140 s
Treibstoff(e)	LOX, LH2	Hydrazin, NTO	APCP

lich sollte die Ariane 5ES Galileo schon 2014 zum ersten Mal starten. Technische und organisatorische Verzögerungen bei der Entwicklung und Erprobung des Galileo-Satellitensystems haben jedoch dieses Vorhaben verhindert. Erste Versuchssatelliten wurden schon von Kourou aus mit russischen Sojus-Raketen in den Orbit gebracht. Wann das Navigationssystem komplett betriebsbereit sein wird, steht allerdings noch in den Sternen.

Für die verschiedenen Versionen der Ariane 5 stehen drei Nutzlastverkleidungen zur Verfügung. Alle drei haben einen inneren Durchmesser von 4,57 Metern, ihre Höhe variiert zwischen 12,7 und 17 Metern.

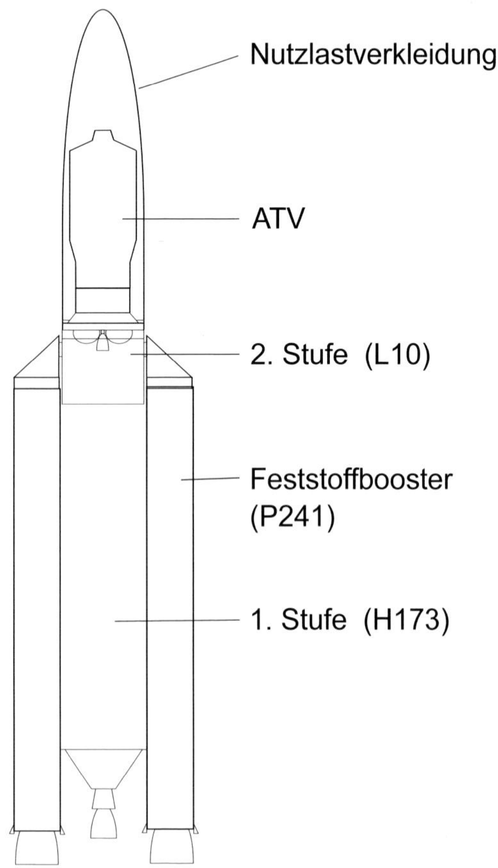

Aufbau der Ariane 5ES.

Flug 592: Die Ariane 5ES mit dem vierten ATV am 05. Juni 2013 erfolgreich zur ISS gestartet. (S. Corvaja, ESA)

Eine Ariane 5ES steht auf dem Starttisch mit dem letzten ATV zum Start am 29. Juli 2014 (Flug 593) bereit. (S. Corvaja, ESA)

Flugprofil beim Start eines ATV durch eine Ariane 5ES. (ESA)

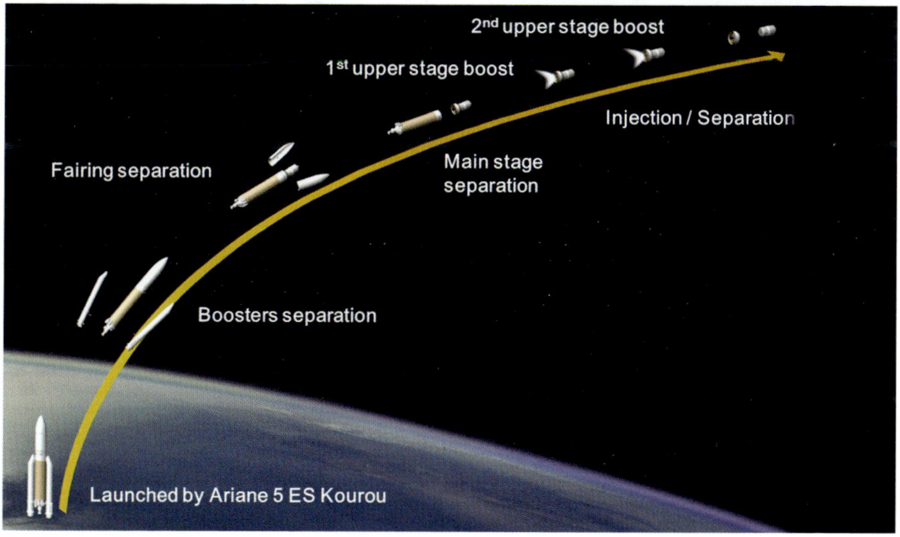

Detailzeichnung einer Ariane 5ES. (ESA – D. Ducros)

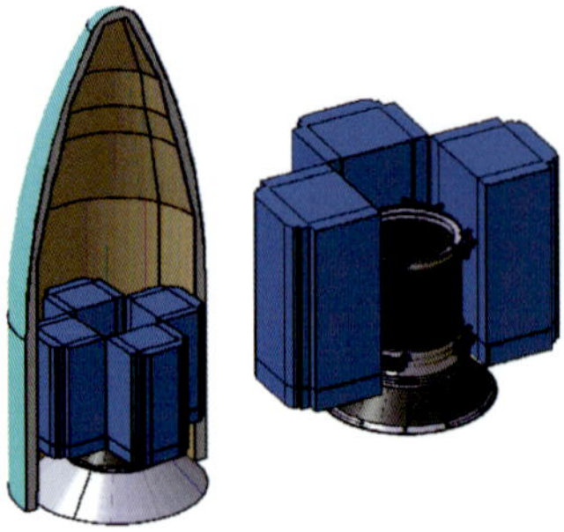

Adapter zum gleichzeitigen Aussetzten von vier Satelliten des Galileo-Systems. (ESA)

Abgasstrahl einer Ariane 5ES und ihrer beiden Booster. (ESA – S. Corvaja)

Das letzte der 5 ATVs wird auf einer Ariane 5ES montiert. Der Start gelang am 29. Juli 2014 (Flug 593). (ESA - S. Corvaja)

DIE ZUKUNFT DER ARIANE

Der ESA-Ministerrat traf sich am 25. und 26. November 2008 im niederländischen Den Haag, um einmal mehr über die Zukunft der Ariane-Trägerrakete und Europas Zugang zum Weltraum zu beraten. Als Kernziele für die Entwicklung der nächsten Ariane-Generation wurde die nochmalige Steigerung der Nutzlastkapazität um zunächst 1,5 Tonnen auf dann mehr als 11,2 Tonnen und die Verbesserung der Flexibilität durch eine kryogene, wiederzündbare Oberstufe formuliert. Die Kosten, so wurde von den Ministern gefordert, sollten gleich oder besser noch geringer als bei den aktuellen Modellen Ariane 5ECA und Ariane 5ES ausfallen.

Im Dezember des darauf folgenden Jahres bewilligte die ESA Vorentwicklungsarbeiten für die als Ariane 5ME bezeichnete Rakete mit einem Budget von 150 Millionen Euro für einen Zeitraum von zwei Jahren. Das Kürzel »ME« steht für Midlife Evolution (dt.: Entwicklungsstufe in der Mitte der Lebenszeit). Der Auftrag wurde ein weiteres Mal an EADS Astrium vergeben, das bereits seit 2003 die Führungsrolle bei Entwicklung und Bau der Ariane-Raketen innehatte.

Die Machbarkeitsstudie wurden auf der ESA-Ministerratssitzung im November 2012 in Neapel vorgelegt. Dort wurde auch für einen bereits seit längerem schwelenden Konflikt, besonders zwischen der deutschen auf der einen Seite und der französischen Delegation auf der anderen Seite, ein tragfähiger Kompromiss gefunden. Wollten die Deutschen den Weg in die Zukunft über die Weiterentwicklung der Ariane 5G zur Ariane 5ME gehen, favorisierte die französische Seite den schnellen und direkten Übergang zu einer vollkommen neuen Ariane 6-Version. Die ausgehandelte Einigung sah vor, dass neben der Fortführung der Entwicklungsarbeiten an der Ariane 5ME parallel dazu Untersuchungen über die Realisierbarkeit einer Ariane 6 angestellt werden sollten. Allerdings, so forderten die Minister, sollten zwischen der Ariane 5ME und der Ariane 6 möglichst viele Gemeinsamkeiten gefunden werden, um Entwicklungsaufwand und Kosten so gering wie möglich zu halten.

Die Arbeiten an der ab diesem Zeitpunkt als Adapted Ariane 5ME (dt.: angepasste Ariane 5ME) bezeichneten Rakete wurden also fortgesetzt. Wie bei ihren Vorgängern lag das Hauptaugenmerk darauf, bei einem Start zwei Satelliten gleichzeitig in

Die Delegierten auf der Ministerratstagung in Den Haag im November 2008. (ESA – A. Le Floc'h)

den Geotransfer-Orbit zu bringen. Das Pflichtenheft forderte die Steigerung der Leistung gegenüber der Ariane 5ECA. Das sollte hauptsächlich durch Verbesserungen an der Oberstufe, im Besonderen durch den Einsatz eines neuen und wiederzündbaren Triebwerks mit dem Namen Vinci erreicht werden. Diese Oberstufe erhielt die Bezeichnung ESC-B (Evolution Cryotechnique Type B, dt.: Kryotechnische Entwicklungsstufe B). Die derart verbesserte Ariane sollte schließlich eine Tragfähigkeit von bis zu zwölf Tonnen in den GTO haben.

Als Zeitvorgabe für den Jungfernflug der Adapted Ariane 5ME wurde in der Konferenz von Neapel das Jahr 2017, spätestens 2018 gefordert und die Entwicklungskosten auf 1,4 Milliarden Euro geschätzt. Eine beachtliche Summe, von der nicht zuletzt die deutsche Firma Astrium profitieren sollte, die als Hauptauftragnehmer vorgesehen war.

Nun hatte die jüngere Vergangenheit allerdings gezeigt, dass es Arianespace zunehmend schwerer fiel, jeweils zwei geeignete Nutzlasten für einen gemeinsamen Doppelstart zu finden. Das veranlasste die bei der gleichzeitig stattfindenden Ausarbeitung eines Konzepts für die Araine 6 federführende französische Weltraumagentur CNES, eine Reihe von Entwürfen einer für den Einzelstart von Nutzlasten im Bereich von zwei bis acht Tonnen optimierte Rakete zu konzipieren. Und das zu einem entsprechend günstigen Preis für die Satellitenbetreiber.

Eine der Varianten sah eine mit flüssigen Treibstoffen betrieben erste Stufe mit zwei Vulcain 2-Triebwerken vor, die – je nach Anforderung – von zwei bis sechs P33-Boostern mit jeweils 33 Tonnen Festtreibstoff unterstützt werden konnte. Als Oberstufe sollte die bereits projektierte Flüssigtreibstoff-Oberstufe der Ariane 5ME mit dem neuen Vinci-Triebwerk Verwendung finden. Damit würde die Tragfähigkeit der Rakete je nach Konfiguration zwischen 2,2 Tonnen und 8,4 Tonnen erreichen.

Zwei andere vorgeschlagene Varianten der Ariane 6 waren mit feststoffgetriebenen Unterstufen ausgestattet. Eine von ihnen sollte ebenfalls mit

Adapted Ariane 5ME. (D. Ducros, ESA)

Künstlerische Darstellung einer Ariane 5ME (ESA – D. Ducros, 2012)

einer variablen Anzahl von Feststoffboostern unterschiedlichen Typs variiert werden. Eine Besonderheit dieses Typs war, dass die Booster teilweise wie gewohnt zum Zeitpunkt des Abhebens, teilweise erst später in der Aufstiegsphase in der Luft gezündet werden sollten. Die Oberstufe dieser Variante war ebenfalls als Feststoff-Stufe angelegt. Die Tragfähigkeit konnte je nach Art und Anzahl der eingesetzten Booster zwischen 2,1 Tonnen und 6,5 Tonnen für den Geotransfer-Orbit variiert werden.

Die andere vorgeschlagene Konfiguration mit einer Feststoff-Unterstufe benutzte eine unterschiedliche Anzahl von ausschließlich gleichartigen Feststoff-Boostern für die verschiedenen Einsatzszenarien. Als Oberstufe war auch hier eine Feststoff-Stufe geplant. Durch die gegenüber dem anderen Entwurf geringere Variationsmöglichkeit war die Wahl der Nutzlastkapazität nur im Bereich zwischen 3,4 Tonnen und 6,5 Tonnen für den GTO möglich.

Die CNES selbst favorisierte die beiden ausschließlich feststoffgetriebenen Modelle, da diese ein besseres Preis-Leistungs-Verhältnis versprachen als die Flüssigtreibstoff-Variante.

Ende des Jahres 2013 erhielt die Firma Astrium den Auftrag für eine Entwurfs- und Machbarkeitsstudie für eine Ariane 6 in der das Konzept, die Architektur und die wesentlichen Eigenschaften dieser Trägerrakete untersucht werden sollten. Astrium wurde dafür der sehr enge Zeitrahmen von nur sechs Monaten zugebilligt. Als Nutzlastkapazität für das neue Trägersystem wurden 6,5 Tonnen für den geostationären Transferorbit gefordert. Die Kosten für die Rakete durften auf keinen Fall höher als die Kosten für die Ariane 5 liegen. Deren hervorragende Zuverlässigkeit zu erreichen oder gar zu verbessern war ebenfalls Vorgabe. Astrium bekam die Aufgabe, die zur Erfüllung dieser Vorgaben geeignetste Lösung zu finden.

Im Juli 2014 erklärten dann die deutsch-französische Airbus Defence and Space und die französische Firma Safran die Absicht ein Joint Venture-Unternehmen zu gründen. Sie präsentierten eine alternative Variante zu den bisherigen Vorschlägen, die mit zwei mit flüssigen Sauerstoff und Wasserstoff angetriebenen kryogenen Stufen und zwei Feststoff-Boostern arbeitete. Abweichend von den bisherigen Vorschlägen wurde die erste Stufe von einem einzelnen Vulcain 2-Triebwerk angetrieben. Die Oberstufe sollte zwischen der kryogenen Oberstufe der Ariane 5ME mit dem Vinci-Triebwerk und der mit hypergolen Treibstoffen angetriebene Oberstufe der Ariane 5ES gewählt werden. Die erste Variante würde eine Nutzlastkapazität von 8,5 Tonnen für den Geotransferorbit, die zweite von etwa

Tabelle 13 - Datenblatt Ariane 5ME.

Ariane 5ES - Entwicklung eingestellt	
Entwicklungszeitraum	1995-2015
Höhe	62 m
Durchmesser	5,4 m
Startmasse	798 t
Startschub	11.800 kN
Max. LEO-Nutzlast	21.000 kg
Max. GTO-Nutzlast	11.200 kg
Stufen	2
Booster	2
Erster Start	---
Letzter Start	---
Flüge	---
Fehlstarts	---
Zuverlässigkeit	---

	1. Stufe: H173	2. Stufe: H28,2	Booster: P241
Länge	30,5 m	?	31 m
Durchmesser	5,4 m	5,4 m	3 m
Startmasse	185,5 t	?	273 t
Triebwerk(e)	1 x Vulcain 2	1 x Vinci	1
Schub	960 kN	180 kN	7080 kN
Brenndauer	540 s	610 s	140 s
Treibstoff(e)	LOX, LH2	LOX, LH2	APCP

7,5 Tonnen für die erdnahe Umlaufbahn haben. Bis zum Oktober des Jahres wurde dieses Design vor allem unter dem Aspekt der Kostenminimierung weiter entwickelt. Die von hypergolen Treibstoffen angetriebene Oberstufe wurde zu Gunsten der kryogenen Variante fallen gelassen. Die Flexibilität beim Einsatz der Trägerrakete sollte stattdessen nur durch eine variable Anzahl von Feststoffboostern erreicht werden. Mit zwei Boostern würde die Nutzlastkapazität bei etwa fünf Tonnen, mit vier Boostern bei elf Tonnen, jeweils für den Geotransfer-Orbit, liegen.

Im November 2014 ließ die Bundesrepublik Deutschland nach Konsultationen mit Frankreich und Italien plötzlich die bisher von ihr favorisierte Adapted Ariane 5ME fallen und schwenkte auf die von Frankreich und Italien propagierte Ariane 6. Das gab es für die beiden Länder natürlich nicht umsonst. Als Gegenleistung verpflichteten sie sich, sich zukünftig verstärkt für die Internationale Raumstation ISS einzusetzen, in die Deutschland bereits große Summen investiert hatte und deren Ausbau und Betrieb den Deutschen sehr wichtig war. Die Entscheidung für die Ariane 6 wurde Deutschland allerdings auch durch die Tatsache erleichtert, dass diese im Verlauf der Planungsfortschritte der Adapted Ariane 5ME immer ähnlicher geworden war.

Das Konzept von Airbus-Safran wurde auf der ESA-Ministerratssitzung noch im Dezember desselben Jahres in Luxemburg vorgestellt und gebilligt. Die Entwicklungskosten für die neue Ariane wurden auf 4,3 Milliarden Euro beziffert. Die Rakete soll 2020 einsatzbereit sein. Der Beschluss beinhaltet, dass Deutschland in den nächsten zehn Jahren insgesamt 1,8 Milliarden Euro in das Trägerraketenprogramm der ESA einzahlt, das neben der Entwicklung der Ariane 6 noch die Weiterentwicklung der gerade fertiggestellten kleineren Vega-Rakete mit 2,5 Tonnen Traglast für den erdnahen Orbit und Verbesserungen an den weiterhin im Einsatzbetrieb befindlichen Ariane 5-Versionen umfasst. An der Entwicklung der Ariane 6 übernimmt Deutschland einen Anteil von 22 Prozent, Frankreich schultert 52 Prozent der Kosten.

Ein Hintertürchen ließen sich die Minister allerdings noch offen. Sie vereinbarten, noch einmal abschließend auf ihrer nächsten planmäßigen Konferenz 2016 über die Ariane 6 zu entscheiden.

Die Konfiguration der je nach Nutzlastverkleidung bis zu 70 Meter hohen Ariane 6 nutzt also ein zweistufiges Konzept mit einer Unter- und einer Oberstufe, beide mit flüssigem Wasserstoff und

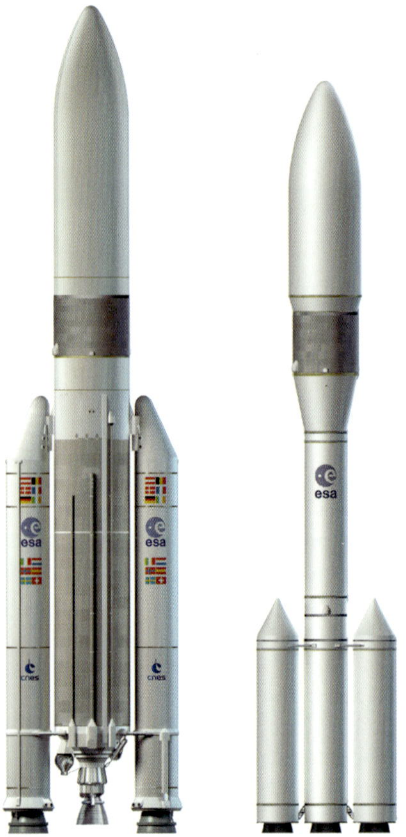

Gegenüberstellung der Entwürfe der Adapted Ariane 5ME und der Ariane 6. (D. Ducros, ESA)

flüssigem Sauerstoff betrieben. Die Unterstufe basiert technisch auf der der ECA-Version der Ariane 5. Sie wird allerdings leicht modifiziert sein, um sie kostengünstiger bauen zu können. Ihre Tanks werden bis zu 149 Tonnen der kryogenen Treibstoffe fassen. Sie wird ein einzelnes der bewährten Vulcain 2-Triebwerke mit 960 kN Startschub nutzen, die in der Startphase durch zwei oder vier P120-Feststoffbooster unterstützt werden. Jede der knapp 18 Meter langen und drei Meter durchmessenden Zusatzraketen wird mit 120 Tonnen Feststofftreibstoff gefüllt sein.

Gegenüberstellung der beiden Versionen Ariane 62 und Ariane 64 mit der Ariane 5ECA. (ESA – D. Ducros)

Da die Ariane 6 zu schwer sein wird, um ohne den zusätzlichen Schub von mindestens zwei Boostern abheben zu können, wird es – wie bei der Ariane 5 – keine Grundversion der Trägerrakete geben, die ohne Zusatztriebwerke auskommt.

Als Oberstufe wird die bereits für die jetzt obsolete Adapted Ariane 5ME projektierte Oberstufe mit dem mehrfach zündbaren Vinci-Triebwerk eingesetzt. Sie ist 12,2 Meter lang geplant. Ihr Durchmesser beträgt genau wie der der ersten Stufe 4,6 Meter. Mit ihrem Tankinhalt von bis zu 30 Ton-

Tabelle 14 - Die Versionen der Ariane 6.

	Ariane 62*	Ariane 64*
Entwicklungszeitraum	2012-	2012-
Höhe	70 m	70 m
Durchmesser	5,4 m	5,4 m
Startmasse	500 t	800 t
Startschub	---	---
Max. LEO-Nutzlast	5,6 t	---
Max. GTO-Nutzlast	5,8 t	10,9 t
Stufen	2	2
Booster	2	4

	1. Stufe:	2. Stufe:	Booster: P120
Länge	---	---	17,7 m
Durchmesser	4,6 m	4,6 m	3 m
Startmasse	---	---	---
Triebwerk(e)	1 x Vulcain 2	1 x Vinci	---
Schub	1350 kN	180 kN	3500 kN
Brenndauer	---	1200 s	---
Treibstoff(e)	LOX, LH2	LOX, LH2	APCP

* Einige Abmessungen/Leistungsdaten der einzelnen Komponenten stehen noch nicht endgültig fest.

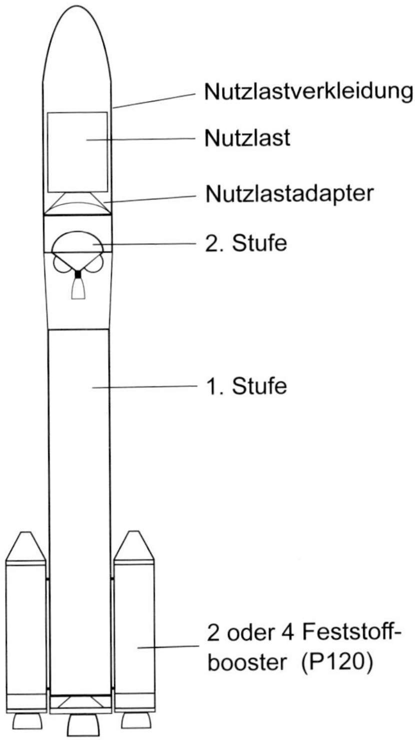

Schemazeichnung der Ariane 6.

nen flüssigen Wasserstoff und flüssigen Sauerstoff wird das Vinci-Antriebsaggregat 180 kN Schub erzeugen.

Die Ariane 62 mit zwei Feststoff-Boostern wird den Einzelstart eines Satelliten von bis zu fünf Tonnen Gewicht zum Preis von ungefähr 85 Millionen Euro möglichen. Der Start einer Nutzlast von bis zu elf Tonnen, entweder als einzelner Satellit oder als Doppelstart mit zwei zahlenden »Passagieren«, wird für die Ariane 64 mit etwa 105 Millionen Euro angesetzt. Diese Preiskalkulation wird aber sicherlich bis zum geplanten Erststart einer Ariane 6 noch einige Male überarbeitet werden müssen.

Einen kleinen Wermutstropfen gibt es allerdings: Für die dann mächtigste europäische Trägerrakete muss in Kourou ein neuer Startkomplex ELA-4 einschließlich eines 100 Meter hohen Montagegebäudes gebaut werden. Die Kosten der Anlage werden mit voraussichtlich weiteren 600 Millionen Euro zu Buche schlagen. ELA-4 entsteht unter der Regie der französischen CNES.

Es bleibt abzuwarten, ob der Termin für den Erstflug der neuen Ariane 6 für das Jahr 2020 gehalten werden kann. In Anbetracht der Erfahrungen mit anderen Projekten dieser Dimension ist das allerdings eher zweifelhaft. Außerdem ist fraglich, ob die Rakete nach dem ersten Testflug schon für den kommerziellen Einsatz freigegeben werden kann. Aber egal wie lange es dauert bis die erste Ariane 6 startet: Bis dahin wird die europäische Raumfahrt weiterhin auf die bewährte

Nahaufnahme des Vinci-Triebwerks der Ariane 6-Oberstufe. (SNECMA/DLR)

Künstlerische Darstellung einer startenden Ariane 64. (ESA – D. Ducros, 2014)

Künstlerische Darstellung der zwei Versionen der Ariane 6 mit 2 und mit 4 Zusatzboostern. (ESA – D. Ducros)

Ariane 5 und ihre anderen Trägerraketen wie die kleinere Vega und die russische Sojus bauen können.

Die außereuropäische Konkurrenz schläft allerdings auch nicht. Nicht nur neue staatliche Wettbewerber wie beispielsweise Indien drängen auf den Markt für Satellitenstarts. China und Japan – um nur zwei Beispiele zu nennen – verstärken ihr Engagement in Entwicklung und Bau von Trägerraketen für die kommerzielle Nutzung. Und zu guter Letzt treten in neuerer Zeit auch SpaceX und andere privatwirtschaftliche Unternehmen an, um ihren Teil vom Kuchen abzubekommen.

Tabelle 15 - Flüge der Ariane.

24.12.79	V1	Ariane 1	Testsatellit	1. Ariane Start
23.05.80	V2	Ariane 1	FIREWHEEL, OSCAR, Testsatellit	Startversuch misslungen
19.06.81	V3	Ariane 1	METEOSAT, Apple, Testsatellit	
19.12.81	V4	Ariane 1	MARECS A, Testsatellit	1. Nachtstart
09.09.82	V5	Ariane 1	MARECS B, SIRIO	Startversuch misslungen
16.06.83	V6	Ariane 1	ECS1, OSCAR 10	
18.10.83	V7	Ariane 1	INTELSAT VF7	
04.03.84	V8	Ariane 1	INTELSAT VF8	
22.05.84	V9	Ariane 1	SPACENET 1	1. Start unter Regie von Arianespace
04.08.84	V10	Ariane 3	ECS2, TELECOM 1A	1. Start einer Ariane 3
09.11.84	V11	Ariane 3	SPACENET 2, MARECS 2	
08.02.85	V12	Ariane 3	ARABSAT, BRASILSAT S1	
07.05.85	V13	Ariane 3	GSTAR, TELECOM 1B	
02.07.85	V14	Ariane 1	GIOTTO	
12.09.85	V15	Ariane 3	SPACENET F3, ECS 3	Startversuch misslungen
21.02.86	V16	Ariane 1	SPOT, VIKING	letzter Start einer Ariane 1
28.03.86	V17	Ariane 3	GSTAR II, BRASILSAT S2	1. Start von ELA-2
30.05.86	V18	Ariane 2	INTELSAT VF14	1. Start einer Ariane 2 misslungen
15.09.87	V19	Ariane 3	AUSSAT K3, ECS 4	
20.11.87	V20	Ariane 2	TVSAT 1	
11.03.88	V21	Ariane 3	SPACENET III, TELECOM 1C	
17.05.88	V22	Ariane 2	INTELSAT VF13	
15.06.88	V23	Ariane 44LP	PAS 1, METEOSAT 3, OSCAR 13	1. Start einer Ariane 4
21.07.88	V24	Ariane 3	INSAT 1C, ECS 5	
08.09.88	V25	Ariane 3	GSTAR III, SBS 5	
27.10.88	V26	Ariane 2	TDF 1	
27.12.88	V27	Ariane 44LP	SKYNET 4B, ASTRA 1A	
26.01.89	V28	Ariane 2	INTELSAT VF15	
06.03.89	V29	Ariane 44LP	JCSAT 1, MOP 1	
01.04.89	V30	Ariane 2	TELEX	letzter Start einer Ariane 2
05.06.89	V31	Ariane 44L	SUPERBIRD A, DFS 1	
11.07.89	V32	Ariane 3	Olympus	letzter Start von ELA-1
08.08.89	V33	Ariane 44LP	TVSAT 2, HIPPARCOS	
27.10.89	V34	Ariane 44L	INTELSAT VIF2	
21.01.90	V35	Ariane 40	SPOT 2, 6 Kleinsatelliten	
22.02.90	V36	Ariane 44L	SUPERBIRD B, BS-2X	Startversuch misslungen
24.07.90	V37	Ariane 44L	DFS2, TDF 2	
30.08.90	V38	Ariane 44LP	EUTELSAT 2, SKYNET 4C	
12.10.90	V39	Ariane 42L	GALAXY VI, SBS 6	
20.11.90	V40	Ariane 42P	SATCOM C, GSTAR IV	
15.01.91	V41	Ariane 44L	EUTELSAT 2 F2, ITALSAT 1	
02.03.91	V42	Ariane 44LP	ASTRA 1B, MOP 2	
04.04.91	V43	Ariane 44P	ANIK E2	
16.07.91	V44	Ariane 40	ERS 1, 4 Kleinsatelliten	
14.08.91	V45	Ariane 44L	INTELSAT VI F5	
29.09.91	V46	Ariane 44P	ANIK E1	
29.10.91	V47	Ariane 44L	INTELSAT VI F1	
16.12.91	V48	Ariane 44L	TELECOM 2A, INMARSAT 2 F3	
26.02.92	V49	Ariane 44L	SUPERBIRD B1, ARABSAT 1C	
15.04.92	V50	Ariane 44L	TELECOM 2B, INMARSAT 2 F4	
09.07.92	V51	Ariane 44L	INSAT II A, EUTELSAT 2 F4	
10.08.92	V52	Ariane 42P	TOPEX-POSEIDON, 2 Kleinsatelliten	
10.09.92	V53	Ariane 44LP	HISPASAT 1A, SATCOM C3	
27.10.92	V54	Ariane 42P	GALAXY VII	
01.12.92	V55	Ariane 42P	SUPERBIRD A1	
11.05.93	V56	Ariane 42L	ASTRA 1C, ARSENE	

24.06.93	V57	Ariane 42P	GALAXY IV	
22.07.93	V58	Ariane 44L	HISPASAT 1B, INSAT II B	
25.09.93	V59	Ariane 40	SPOT 3, 6 Kleinsatelliten	
22.10.93	V60	Ariane 44LP	INTELSAT VII F1	
19.11.93	V61	Ariane 44LP	SOLIDARIDAD 1, METEOSAT 6	
17.12.93	V62	Ariane 44L	DBS1, THAICOM 1	
24.01.94	V63	Ariane 44LP	EUTELSAT 2 F5, TURKSAT 1A	Startversuch misslungen
17.06.94	V64	Ariane 44LP	INTELSAT VII F2, 2 Kleinsatelliten	
08.07.94	V65	Ariane 44L	PAS2, BS3N	
10.08.94	V66	Ariane 44LP	BRASILSAT B1, TURKSAT 1B	
08.09.94	V67	Ariane 42L	TELSTAR 402	
07.10.94	V68	Ariane 44L	SOLIDARIDAD 2, THAICOM 2	
31.10.94	V69	Ariane 42P	ASTRA 1D	
01.12.94	V70	Ariane 42P	PAS3	Startversuch misslungen
28.03.95	V71	Ariane 44LP	BRASILSAT B2, HOTBIRD 1	
21.04.95	V72	Ariane 40	ERS 2	
17.05.95	V73	Ariane 44LP	INTELSAT 706	
09.06.95	V74	Ariane 42P	DIRECTV 3	
07.07.95	V75	Ariane 40	HELIOS 1A, CERISE, UPM-LBSAT	
03.08.95	V76	Ariane 42L	PAS4	
29.08.95	V77	Ariane 44P	N-STAR A	
23.09.95	V78	Ariane 42L	TELSTAR 402R	
18.10.95	V79	Ariane 42L	ASTRA 1E	
16.11.95	V80	Ariane 44P	ISO	
06.12.95	V81	Ariane 44L	TELECOM 2C, INSAT 2C	
12.01.96	V82	Ariane 44L	PAS 3R, MEASAT 1	
05.02.96	V83	Ariane 44P	N-STAR B	
14.03.96	V84	Ariane 44LP	INTELSAT 707	
20.04.96	V85	Ariane 42P	M-SAT 1 (AMSC 2)	
15.05.96	V86	Ariane 44L	PALAPA 2C, AMOS 1	
04.06.96	501	Ariane 5G	4 x Cluster	1. Start einer Ariane 5, misslungen
15.06.96	V88	Ariane 44P	INTELSAT 709	
09.07.96	V89	Ariane 44L	ARABSAT 2A, TÜRKSAT 1C	
07.08.96	V90	Ariane 44L	TELECOM 2D, ITALSAT 2	
10.09.96	V91	Ariane 42P	ECHOSTAR 2	
13.11.96	V92	Ariane 44L	ARABSAT 2B, MEASAT 2	
30.01.97	V93	Ariane 44L	GE 2, NAHUEL 1A	
28.02.97	V94	Ariane 44P	INTELSAT 801	
16.04.97	V95	Ariane 44LP	THAICOM 3, BSAT 1A	
03.06.97	V96	Ariane 44L	INMARSAT3 F4, INSAT 2D	
25.06.97	V97	Ariane 44P	INTELSAT 802	
08.08.97	V98	Ariane 44P	PAS 6	
02.09.97	V99	Ariane 44LP	HOTBIRD 3, METEOSAT 7	
23.09.97	V100	Ariane 42L	INTELSAT 803	
30.10.97	502	Ariane 5G	MAQSAT B+H, TEAMSAT, YES	teilweiser Fehlschlag
12.11.97	V102	Ariane 44L	SIRIUS 2, INDOSTAR 1	
02.12.97	V103	Ariane 44P	JCSAT 5, EQUATOR-S	
20.12.97	V104	Ariane 42L	INTELSAT 804	
04.02.98	V105	Ariane 44LP	INMARSAT-3 F5, BRASILSAT B3	
27.02.98	V106	Ariane 42P	HOTBIRD 4	
23.03.98	V107	Ariane 40	SPOT 4	
28.04.98	V108	Ariane 44P	NILESAT 101, BSAT 1B	
25.08.98	V109	Ariane 44P	ST 1	
16.09.98	V110	Ariane 44LP	PAS 7	
05.10.98	V111	Ariane 44L	EUTELSAT W2, SIRIUS 3	
21.10.98	503	Ariane 5G	MAQSAT 3, ARD	
28.10.98	V113	Ariane 44L	AFRISTAR, GE 5	
05.12.98	V114	Ariane 42L	SATMEX 5	

21.12.98	V115	Ariane 42L	PAS 6B	
26.02.99	V116	Ariane 44L	ARABSAT 3A, SKYNET 4E	
02.04.99	V117	Ariane 42P	INSAT 2E	
12.08.99	V118	Ariane 42P	TELKOM 1	
04.09.99	V119	Ariane 42P	KOREASAT 3	
25.09.99	V120	Ariane 44LP	TELSTAR 7	
19.10.99	V121	Ariane 44LP	ORION 2	
13.11.99	V122	Ariane 44LP	GE 4	
03.12.99	V123	Ariane 40	HELIOS 1B, CLEMENTINE	
10.12.99	504	Ariane 5G	XMM-NEWTON	
21.12.99	V125	Ariane 44L	GALAXY 11	
24.01.00	V126	Ariane 42L	GALAXY 10R	
17.02.00	V127	Ariane 44LP	SUPERBIRD 4	
21.03.00	505	Ariane 5G	INSAT 3B, ASIASTAR	
18.04.00	V129	Ariane 42L	GALAXY 4R	
17.08.00	V130	Ariane 44LP	BRASILSAT B4, NILESAT 102	
06.09.00	V131	Ariane 44P	EUTELSAT W1	
14.09.00	506	Ariane 5G	ASTRA 2B, GE 7	
06.10.00	V133	Ariane 42L	NSAT 110	
29.10.00	V134	Ariane 44LP	EUROPE*STAR 1	
15.11.00	507	Ariane 5G	PAS 1R, AMSAT P3D, STRV 1C+1D	
21.11.00	V136	Ariane 44L	ANIK F1	
19.12.00	508	Ariane 5G	ASTRA 2D, GE 8 (AURORA 3), LDREX	
10.01.01	V138	Ariane 44P	EURASIASAT 1 (TÜRKSAT 2A)	
07.02.01	V139	Ariane 44L	SICRAL 1, SKYNET 4F	
08.03.01	509	Ariane 5G	EUROBIRD 1, BSAT 2A	
09.06.01	V141	Ariane 44L	INTELSAT 901	
12.07.01	510	Ariane 5G	ARTEMIS, BSAT 2B	geplante Umlaufbahn nicht erreicht
30.08.01	V143	Ariane 44L	INTELSAT 902	
25.09.01	V144	Ariane 44P	ATLANTIC BIRD 2	
26.11.01	V145	Ariane 44LP	DIRECTV 4S	
23.01.02	V146	Ariane 42L	INSAT 3C	
23.02.02	V147	Ariane 44L	INTELSAT 904	
28.02.02	511	Ariane 5G	ENVISAT 1	
28.03.02	V149	Ariane 44L	JCSAT 8, ASTRA 3A	
16.04.02	V150	Ariane 44L	NSS 7	150. Start einer Ariane
03.05.02	V151	Ariane 42P	SPOT 5, IDEFIX	
05.06.02	V152	Ariane 44L	INTELSAT 905	
05.07.02	512	Ariane 5G	STELLAT 5, N-STAR C	
28.08.02	513	Ariane 5G	ATLANTIC BIRD 1, MSG 1, MFD	
06.09.02	V155	Ariane 44L	INTELSAT 906	
11.12.02	517	Ariane 5ECA	HOT BIRD 7, STENTOR, MFD A+B	Startversuch misslungen
17.12.02	V157	Ariane 44L	NSS 6	
15.02.03	V159	Ariane 44L	INTELSAT 907	Letzter Start einer Ariane 4, letzter Start von ELA-2
09.04.03	514	Ariane 5G	INSAT 3A, GALAXY 12	
11.06.03	515	Ariane 5G	OPTUS C1, BSAT 2C	
27.09.03	516	Ariane 5G	INSAT 3E, EBIRD 1, SMART 1	
02.03.04	518	Ariane 5G+	ROSETTA, PHILAE	
17.07.04	519	Ariane 5G+	ANIK F2	
18.12.04	520	Ariane 5G+	HELIOS 2A, ESSAIM 1+2+3+4, PARASOL, NANOSAT 01	
12.02.05	521	Ariane 5ECA	XTAR-EUR, MAQSAT B2, SLOSHSAT	
11.08.05	523	Ariane 5GS	IPSTAR	
13.10.05	524	Ariane 5GS	SYRACUSE 3A, GALAXY 15	
16.11.05	522	Ariane 5ECA	SPACEWAY 2, TELKOM 2	
21.12.05	525	Ariane 5GS	INSAT 4A, MSG 2	
11.03.06	527	Ariane 5ECA	SPAINSAT 1, HOTBIRD 7A	
27.05.06	529	Ariane 5ECA	SATMEX 6, THAICOM 5	
11.08.06	531	Ariane 5ECA	JCSAT 10, SYRACUSE 3B	

13.10.06	533	Ariane 5ECA	DIRECTV 9S, OPTUS D1, LDREX 2	
08.12.06	534	Ariane 5ECA	WILDBLUE 1, AMC 18	
11.03.07	535	Ariane 5ECA	SKYNET 5A, INSAT 4B	
04.05.07	536	Ariane 5ECA	ASTRA 1L, GALAXY 17	
14.08.07	537	Ariane 5ECA	SPACEWAY 3, BSAT 3A	
05.10.07	526	Ariane 5GS	INTELSAT 11, OPTUS D2	
14.11.07	538	Ariane 5ECA	SKYNET 5B, STAR ONE C1	
21.12.07	530	Ariane 5GS	RASCOM-QAF 1, HORIZONS 2	
09.03.08	528	Ariane 5ES	ATV 1	
18.04.08	539	Ariane 5ECA	STAR ONE C2, VINASAT 1	
12.06.08	540	Ariane 5ECA	SKYNET 5C, TÜRKSAT 3A	
07.07.08	541	Ariane 5ECA	PROTOSTAR 1, BADR 6	
14.08.08	542	Ariane 5ECA	SUPERBIRD 7, AMC 21	
20.12.08	543	Ariane 5ECA	HOTBIRD 9, EUTELSAT W2M	
12.02.09	545	Ariane 5ECA	HOTBIRD 10, NSS 9, SPIRALE A + B	
14.05.09	546	Ariane 5ECA	HERSCHEL, PLANCK	
01.07.09	547	Ariane 5ECA	TERRESTAR 1	
21.08.09	548	Ariane 5ECA	JCSAT 12, OPTUS D3	
01.10.09	549	Ariane 5ECA	AMAZONAS 2, COMSATBW 1	
29.10.09	550	Ariane 5ECA	NSS 12, THOR 6	
18.12.09	532	Ariane 5GS	HELIOS 2B	
21.05.10	551	Ariane 5ECA	ASTRA 3B, COMSATBW 2	50. Start einer Ariane 5
26.06.10	552	Ariane 5ECA	ARABSAT 5A, COMS 1	
04.08.10	554	Ariane 5ECA	NILESAT 201, RASCOMQAF 1R	
28.10.10	555	Ariane 5ECA	EUTELSAT W3B, BSAT 3B	
26.11.10	556	Ariane 5ECA	INTELSAT 17, HYLAS 1	
29.12.10	557	Ariane 5ECA	HISPASAT 1E, KOREASAT 6	
16.02.11	544	Ariane 5ES	ATV 2	
22.04.11	558	Ariane 5ECA	YAHSAT 1A, NEW DAWN	
20.05.11	559	Ariane 5ECA	ST 2, GSAT 8	
06.08.11	560	Ariane 5ECA	ASTRA 1N, BSAT 3C, JCSAT 110R	
21.09.11	561	Ariane 5ECA	ARABSAT 5C, SES 2	
23.03.12	553	Ariane 5ES	ATV 3	
15.05.12	562	Ariane 5ECA	JCSAT 13, VINASAT 2	
05.07.12	563	Ariane 5ECA	ECHOSTAR 17, MSG 3	
02.08.12	564	Ariane 5ECA	INTELSAT 20, HYLAS 2	
28.09.12	565	Ariane 5ECA	ASTRA 2F, GSAT 10	
10.11.12	566	Ariane 5ECA	EUTELSAT 21B, STAR ONE C3	
19.12.12	567	Ariane 5ECA	SKYNET 5D, MEXSAT 3	
07.02.13	568	Ariane 5ECA	AMAZONAS 3, AFRICASAT 1A	
05.06.13	592	Ariane 5ES	ATV 4	
25.07.13	569	Ariane 5ECA	ALPHASAT, INSAT 3D	
29.08.13	570	Ariane 5ECA	EUTELSAT 25B, ES'HAIL 1, GSAT 7	
06.02.14	572	Ariane 5ECA	ABS 2, ATHENAFIDUS	
22.03.14	571	Ariane 5ECA	ASTRA 5B, AMAZONAS 4A	
29.07.14	593	Ariane 5ES	ATV 5	
11.09.14	573	Ariane 5ECA	MEASAT 3B, OPTUS 10	
16.10.14	574	Ariane 5ECA	INTELSAT 30, ARSAT 1	
06.12.14	575	Ariane 5ECA	DIRECTV 14, GSAT 16	
26.04.15	576	Ariane 5ECA	THOR 7, SICRAL 2	
27.05.15	577	Ariane 5ECA	DIRECTV15, SKY MEXICO1	

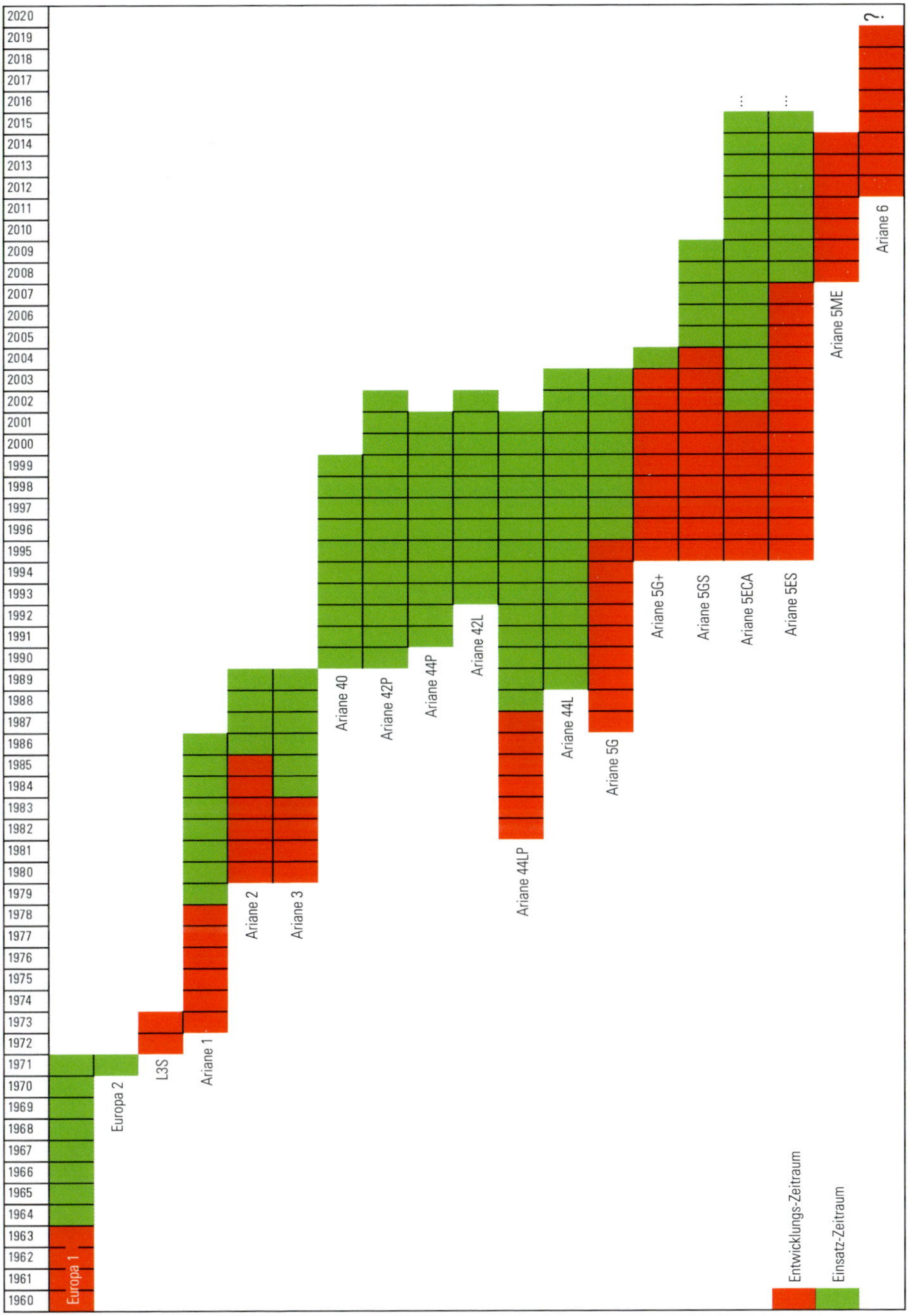
2020
2019
2018
2017
2016
2015
2014
2013
2012
2011
2010
2009
2008
2007
2006
2005
2004
2003
2002
2001
2000
1999
1998
1997
1996
1995
1994
1993
1992
1991
1990
1989
1988
1987
1986
1985
1984
1983
1982
1981
1980
1979
1978
1977
1976
1975
1974
1973
1972
1971
1970
1969
1968
1967
1966
1965
1964
1963
1962
1961
1960
Europa 1
Europa 2
L3S
Ariane 1
Ariane 2
Ariane 3
Ariane 40
Ariane 42P
Ariane 44P
Ariane 42L
Ariane 44LP
Ariane 44L
Ariane 5G
Ariane 5G+
Ariane 5GS
Ariane 5ECA
Ariane 5ES
Ariane 5ME
Ariane 6
?
Entwicklungs-Zeitraum
Einsatz-Zeitraum